U0040452

珠寶傳奇

寶石獵人的30個冒險故事

我以承倫為榮，由衷祝福

　　一天早上，四週十分安靜，一抹陽光射進我的客廳，正在上大提琴課的承倫忽然腰間震動並且發出吱吱的聲音，我問「什麼在響？」他用乞憐的眼神看著我說：「老師我的 BB call 響」，我又驚訝又氣憤大二的學生不好好上學裝什麼 BB call，不是生意人才需要這種東西嗎？從此我開始意識到他有在打工或者⋯⋯。

　　回想起來已過去二十年，那時他在音樂系主修鋼琴副修大提琴，起步比較晚的他家境也不如別人，每每要從頭份搭車上台北來找老師學琴，確實不容易。考進文化大學一年很快就過去了，到了期末考試，他們班上鋼琴主修那年有十位學生全部被當掉，到開學補考也只有承倫一人過關，於是他就把副修大提琴改成主修大提琴，應該說我們的緣份從那時才真正開始，平時上課都算正常，但我總覺得他可以再好一點，因為每次考試或演奏會前，其他同學都很緊張地練習，甚至早早就準備妥當，而他還在那裡背譜，有一次只剩四天就要考了，他竟然譜還沒背熟，於是我罰他今天背不熟不許吃晚餐，靠著他的一點小天份，加上我真的發火了，到考試成績公佈時，他居然是班上最高分。那麼為什麼不能再用功一點多花一點時間練習呢？我百思不得其解，當時我把陽明山的租屋騰給五位學生住在裡面，大家像個大家庭一樣，後來我漸漸發現客廳的東西越來越多，大到七十多公斤的鐘乳石、小到恐龍蛋、蜜蠟手練，外加各種石頭，甚至廟裡拆下來的門框等等，這在搞什麼啊！我大聲地質問他，當時他像一隻犯錯的小貓躲在牆角任我斥責，雖然，我批評得沒有錯，但我從他那害怕的目光看到了一絲無奈，我突然省思過來：「難道這孩子有什麼難言之處嗎？」

歷經坎坷人生，承倫從不言敗

果不其然，在一次下山的路上他開著那輛破舊的吉普車娓娓道來過去的種種，使我了解到他從國中就開始擺地攤賣石頭，那時開始就不跟家中拿零用錢，過著獨立生活，因此，後來學琴都是自己去賺錢來付老師的鐘點費，並且真的當起生意人了，暑假時還去考鑽石鑑定證書，去讀有關的學校，所賣的東西也逐漸地升級了，大概在當完兵就投入了石頭事業，也就在那時我開始釋懷，不再反對和抱怨他，反而被他的執著認真所打動，偶而他送我們的小禮物，我也珍藏到現在，師丈屬鼠，他送他一只小老鼠，現在還帶在頸上。中間有十年我們住在加拿大，他還來溫哥華看過我們，努力去美國讀了一個演奏碩士，並參加一些國際的音樂營，還存錢買了一把新的大提琴，如果沒記錯的話約花了一萬多美金，就這樣一面拉著大提琴，一面做著他的小生意，就像他書中提到的好友馬克先生，從擺地攤起慢慢做到有自己的店，有大量的出口品，也有廣泛的人脈，憑著誠信甚至登上了更大的舞台，和承倫所走的路很相似。但是，每個人經歷自己的人生，總有許多坎坎坷坷。

在加拿大每天都要看當地的華文報紙「世界日報」，打開報嚇了一跳，上面登載有關台北淹水的情形，其中特別提到做珠寶的李先生損失慘重，連心愛的大提琴也泡湯了，直覺告訴我承倫受災了，我馬上打電話給他，果然，電話的那頭傳出他哽咽的聲音，這時的他本應該更多地訴說商品的損失，但是他卻久久地討論如何修復他的大提琴，可見一路走來石頭是他的生財工具，心繫的還是音樂。在我看來，雖然損失頗慘，前景在哪裡也茫茫然，可是堅強的他，又有賢淑的太太在身邊，二

人一起奮鬥沒有多久，他們又站起來，開啟另一片天。那時我很怕他們沮喪，但反之他們的精神教育了我，人生的坎坷在某種意義來講，不是一件壞事。承倫就是一個很好的例子。

從小細節看人品，善良忠誠

今年我從教五十二年，時間長了，很能感覺到孩子的個性，品德和脾氣，前有所述我們在陽明山住的一群是個大家庭，有時我會煮一大鍋排骨麵或者買隻雞，煮雞湯麵給他們吃，一則取暖再則也加營養，但是年青人不是每個人都一樣，往往吃完一頓，剩下就倒給狗吃了，承倫卻不然，他每一次都要把剩下的吃完，而且很懂得感恩，他還會批評學弟妹不懂得惜福，直到現在他仍然十分節省，從不鋪張浪費，我們一起出去吃飯，不管誰請他都會說：「夠了就好，不要點太多。」小事情就可以看出一個人的人品。

我有一個八位老師組成的大提琴室內樂團，打開"樂一"大提琴室內樂團的節目單，都少不了李承倫的名字，也就是少不了他對我們的友情贊助，而且無條件地讓我們用他的空間來做練習場地，不是偶然而是每週，有表演時或者練習時，他也會和老師們一起練習、分享音樂所帶來的快樂，還在他的公司擺放了鋼琴和大提琴，忙裡偷閑去練一下琴，也有客人來了彈奏一曲，大家雅俗共賞，十分有情調，這些都是和其他商人們所不同的地方。

有一個刮風的晚上，門鈴突然大作，原來有人要停車在我家門外，進來的是承

倫夫婦，他們提著二大包食物進來，我驚奇地問：「你們今天不是有拍賣會嗎？」承倫拖著疲備的身驅，啞著噪子說：「剛才結束。」大家都知道拍賣會的主持人是多麼辛苦又叫、又喊大聲地介紹、宣傳。打開包包，一包是六個餐盒，一包是甜點，我說：「這麼多？」他說「您的手臂斷掉不能出去吃，我們就買來陪您和師丈吃個晚餐，另外一部份慢慢吃。」，這時太太就將部份餐盒放到冰庫裡冰起來，他們離開後，我久久不能平靜，怎麼這麼貼心，他們的到訪溫暖了一個病人的心，也溫暖了我們的家，更留下了一個難忘美麗的夜晚。

前景指日可待，衷心期盼

　　行善不為人知，是承倫成功的另一大特質，最近聽到一個故事，他的一位師長的先生（師丈）生病上下樓梯很不方便，看著他難履的步伐，在他探望時建議裝一段小電椅，國外早就流行，可是在台灣，一方面貴，一方面仰賴進口，所以一般人應該不敢嘗試，後來再去探望時還沒裝，他明白了，二話沒說就請人幫忙連絡，這位師長不久收到了一份合約書，並告知費用已付，只要簽了字就來安裝，天啊！那位白髮師長和師丈含著眼淚告訴親近的人，這年頭到那裡去找那麼有心的學生啊！尤其並不是老師而是師丈，是老師的先生！這一則故事感動了一片人，或許有人會說：「他們做生意賺錢容易」錯！大錯而特錯！！！當您看完這本書，您就會體會到，他所取得的每一顆寶貝是多麼地不容易，每顆鑽石、每顆珍寶都含著辛酸與血汗，從中看到他所付出的辛勞，勇氣和智慧，確實無人能比，起碼我讀了書是深深

佩服他的作為，當然我也非常地耽心他的安危，身體和風險，牽掛他的一行一動，每當他從國外回來，偶爾有閑與我們分享他的點點滴滴，我都為之雀躍，也都看到了他對石頭的熱愛和專業，也看到了他一步一步地造就了今天的成就，體現出他孜孜不倦的鑽研和敏銳的嗅覺。

　　總之，洋洋灑灑地寫了那麼多生活中的點滴，但這不足以講述到他更多的事蹟，今天他之所以能做事做人這樣成功，我深感他們的家庭教育十分良好，從小父母培養他們善良、老實能吃苦耐勞的個性，這是當今社會最最缺乏的，感謝他的家庭給他這樣優質的教養，也深深敬畏二老的栽培。另外一方面他有藝術細胞，受過正規的藝術訓練，培養了他的美感，所以他的品味審美觀就和坊間所見到的有所不同，太太更是承倫的幕後推手，本身也是學藝術出身，設計清新脫俗，簡潔大方對人又熱情仁厚，總之，二位攜手共創未來，前景是指日可待的，在這裡我除了祝賀承倫的新書發表，並表達我以承倫為榮的心意之外，更盼望著他們的屹立不搖。

　　加油！

前文化大學音樂系教授

李天慧

我眼中的李承倫

李承倫，一個珠寶天才！

初次與李承倫見面，是在寶物鑑定節目上。眼前出現的是一位彷彿大學畢業不久，講話直率，個性爽朗的大男孩。這位，是寶石專家？

但是，只要一提到石頭，李承倫的眼睛立刻散發出如同蛋白石般耀眼的光彩，這模樣，任誰看了都會點頭：沒錯，這人是個寶石狂熱者！

與李承倫熟悉後，才知道他原是音樂碩士，石頭，是他從小的喜好，甚至在國中時就在建國玉市擺攤賣石。從音樂到珠寶，這樣的背景在珠寶界應屬特例。也因為從小對石頭的喜愛，或許，再加上音樂的薰陶，造就了李承倫不凡的眼光。

李承倫對於寶石獨具慧眼，品味極高，鑑別力一流，很多人就算再怎麼努力學習，也無法練就像他的一雙鑑寶鷹眼。

以彩色鑽石為例，彩鑽的成色與產地只要差一級，價格可能差上十倍，李承倫竟然不只一次光靠肉眼，就判斷出彩鑽的價格，且與國際級專業鑑定機構的鑑定結果，絲毫無差。他不但是珠寶商，更是優秀的拍賣官，每年舉辦兩次大規模的拍賣會，吸引海內外藏家關注。在拍賣場上，因著對珠寶的專業及珍惜，常常堅持將珠寶拍到應有的價格，有時候甚至會因為賓客不懂得珠寶的價值而生氣。

李承倫對於珠寶的敏銳度高到令人嘖嘖稱奇。以尖晶石為例，在台灣人眼中，尖晶石算是便宜的石頭，李承倫卻從國際拍賣會上嗅到了尖晶石即將成為寶石巨星的可能，開始收購，果不其然，幾年後，尖晶石在珠寶市場上的價格已經翻了幾翻。

　　你說，他是不是帶領珠寶潮流的風向雞？

　　除了上述的各種身份外，李承倫還是一位寶石探險家。不久前，他帶著我和幾位藏家們，一起到斯里蘭卡礦區淘礦。到了目的地，立刻聽到噗通下水聲，一看，李承倫已經跳入河中，打著赤膊與珠寶工人們在泥水裏淘洗沙石，也不管水多麼地髒，就像個頑童一樣，樂此不疲。斯里蘭卡難得淹大水，卻這麼碰巧地被我們遇到「二十五年來最大水災」，超級暴雨不停地下，山坡看來岌岌可危，我們離開時，也因為大水寸步難行，明明兩個小時就可以到達機場的路，竟然開了九個小時才到，還差一點兒趕不上飛機。

　　上了飛機，卻聽到前一晚住的地區，竟發生土石流，整座村莊二十五戶人家都被淹沒（包括我們住的旅館），心中真有說不出的震撼！

　　我才光是尋一次寶，就遇到了這麼大的危機，李承倫到過高達五十幾個國家的礦區，多次與死神擦身而過，但他依然不為所懼，任何與珠寶相關的事情，都像個磁鐵般，吸引李承倫的眼光，他經常在世界各地飛來飛去，幾乎可說是為珠寶上了發條一樣！

　　「每個成功的男人，背後都有一個默默支持的女人」，這句話在套用李承倫身上，是最真實的寫照。相對於寶石專業度無懈可擊，李承倫常會因為講話直率得罪人而不自知，顯然需要多加琢磨。我常想，如果沒有他的太太在背後當他的精神支柱，協助他處理人際關係，他的事業不會如此成功，也無法像今天這樣，一年

三百六十五天，幾乎每隔幾天就飛離台灣，到處尋寶；台灣，也就不會出現這麼一位國際知名的寶石專家！

如果，將李承倫比喻為寶石，在我眼中，他就像是已絕礦的新興寶石沙弗萊石，跳脫傳統，有自己獨特的色澤和光芒。

恭喜李承倫出版新書，話說這本書的主題，還是我跟他建議的，書中不但有他冒著生命危險到各國尋寶的精彩故事，也有他對於人生價值的智慧呈現，並特別增加 QR CODE，讓讀者在閱讀文字的同時，也能跟著李承倫身歷其境，一同尋寶去！

知名作家

吳淡如

口　　述：吳淡如　採訪整理：廖翊君

一路玩石頭，玩出一片天

　　珠寶界的頂尖鑑賞家李承倫，已獲得 EGL 歐洲寶石鑑定代理權，這位傳奇人物是我擔任自然科實驗班的學生，目前這個班級出了好幾位學有專精的業界人才，他是其中的一位；但成功不是偶然的，成長期間勇於孵夢、逐夢與築夢，篳路籃縷，以啟山林，終於走出一條很不一樣的路。

　　他生長在台灣經濟起飛的六、七十年代，家長重視孩子的學業成就，一般市井小民賺錢容易，願意栽培子弟念書，他們相信讀書是向上流動的最佳途徑；想當然爾，他父母也是期望聰慧的兒子專心治學，將來謀個教職，因此，一直沒看好他課業以外的學習，不支持他熱愛石頭的追逐。

　　這是一本遊記，他帶著讀者導覽五十多國的風土民情，把他身歷其境的見聞以及面對各種挫折困蹇之情事，用詼諧逗趣的筆調呈現出來，綻放了寶石的光彩，活化了寶石的生命，也賦予它百分百的真愛；如作者被朋友誆騙，誤買一個號稱價值不斐的假寶石，雖然財富一夕間縮水，但他依然深愛這個「冒牌貨」，並不因而惱羞成怒，由愛生恨，當時在他眼中依舊是獨一無二的瑰寶，就像父母把孩子生下來，不管條件多差，都當寶石一樣疼惜，這就是真愛。

　　整本書高潮迭起，很有故事性與啟發性，很適合成長中的孩子來讀，從中學習到挫折容忍力、勇氣、誠信、智慧等正向價值觀，以及與人為善的人脈關係。

　　書中共有三十個生命故事，我展卷閱畢第一篇就像吸了鴉片似的上癮，讀起來有夠刺激，一顆心七上八下，事件情節驚悚萬分，驚叫連連，但也有溫馨感人的人

性光輝，每一次的經歷都很不一樣，千奇百怪的事都被他碰到，能全身而退才是天大的奇蹟，這也印證了他超強的應變能力，成就一身試膽的「寶石獵人」。

　　最難能可貴的是，台灣寶石少，他卻想成立一間寶石博物館及研究室，讓全世界的人都能對台灣的寶石、珠寶設計與寶石學術研究產生興趣，這個宏偉的千秋大夢就像天邊瑰麗的彩霞，看得到卻摸不著，大家並不看好它；然而他堅信只要灑下種子，辛勤灌溉，終有一天種子一定會萌芽，夢想一定會實現。

　　他畢生用一雙腳走遍世界各個角落，讓寶石找到真正愛它的主人；他也用一雙銳利的鷹眼，撿拾被人們遺漏的璞玉；他更用一顆執著堅定的心，去圓他最原始、純真的美夢。為師的，相信他憑著過人的毅力以及鍥而不捨的孵夢精神，定能築夢圓夢，大展宏圖；最重要的是，他的成長故事能提供給 E 世代的孩子莫大啟示------若想人生不留白，就要勇敢做自己，努力去築夢，那怕是玩石頭，也能玩出一片天。

知名作家校長

陳招池

不凡的寶石獵人，李承倫！

很高興這本書在時報文化的協助下得以出版。

過去，承倫出版過許多寶石書，每天看他努力研究寶石，我也學到很多。

他那份不怕挑戰的精神，認真執著的態度，對孩子們是很好的榜樣；每每聽到他經歷的奇妙故事，更是振奮人心，讓孩子們對於探索世界躍躍欲試。這也讓我覺得，我們不該藏私，除了讓大家了解好的寶石以外，更該將人生中的深刻經驗寫出來。所以，我鼓勵承倫出版一本有世界觀的書，談談他那與眾不同的人生經歷，希望拓展讀者的視野，知道生命原來可以有這麼多的面向。

我最佩服承倫的勇氣及執著的精神：他不會隨波逐流，不會隨市場喜好違背原則。他對寶石有著敏銳的嗅覺（業界會說「有個聞寶石的鼻子」）；他總是比別人早看到寶石的價值。

所以國際收藏家口耳相傳：要找好東西，就要找 Richard（承倫的英文名）。

在國際場合，同行想買寶石時，也常常問 Richard Li 的意見，甚至連國際拍賣公司在徵件時，都會與他討論。不管是紐約、日內瓦，甚至非洲，只要有吸引他的寶石，不管多遠，他總是說去就去。

在他的世界沒有「不可能」這三個字。還有人稱他 Crazy Richard，只因為他堅持到礦區，堅持自己切磨，自己設計製作。看起來，他做了很多蠢事，孰不知他只是不想人云亦云，他要眼見為憑，他要親自見證寶石從原礦到成品。承倫見到好東西時眼睛會立刻發亮，他那充滿赤子之心的靈魂，和寶石一樣充滿了吸引力，因此，我們也因此結交了許多熱愛寶石的好友。

如果你聽過承倫的演講，必定會被他的熱情所感動。愛分享的他，再怎麼忙，只要有演講邀約，一定會答應出席，而整場演講通常也肯定是超過時間卻欲罷不能，承倫總是恨不得一次就要把聽眾全部都教會……。

他是個工作狂，不熟的朋友會說他愛賺錢，其實，他對寶石的痴狂哪是金錢可以比擬的？！

承倫所經手的寶石無數，有皇室收藏等級的（例如 156 克拉的紅色尖晶石，還有全世界最大無油祖母綠（169 克拉的），蘇富比則幫他拍出 28.99ct 的鑽石……。此外，他有很多藏品都在拍賣會上高價拍出，最為讓人津津樂道的則是他對綠色鑽石的眼光：三年前，在市場一片不看好時，他就大膽預估綠鑽將是明日之星。

今年，綠鑽果然倍受歡迎，甚至有供不應求的現象。

他大師般的眼光，讓全球的藏家只能望其項背。發生在他身上的不只這些，還有許多或冒險、或有趣、或驚奇的故事，在此容我賣個關子留待書中，讓承倫自己跟讀者們分享吧！

承倫在自我介紹時總說他的名字很好記：你沉淪。是你向下沉淪，不是我向下沉淪。

而我也想跟承倫說，雖然你這個工作狂，讓我們追趕的很辛苦，但我們大家都以你為榮。

侏儸紀寶石董事長

伍穗華

Really Gem Hunter

　　近幾年國外旅遊頻道流行「Gem Hunter」實境秀，以出生入死，冒著風險找尋寶石過程作為節目主題，播出後受到很多觀眾歡迎，大家覺得這是一件很新奇的事情。

　　算一算，十幾年來，我來回尋寶的足跡，已超過五十個國家的礦區。

　　出生入死，只是「寶石獵人」這種生活的小小一環，前往礦區也不見得就能找到寶石，過程中充滿變數、插曲，得和當地人打交道，有時爾虞我詐，有時也肝膽相照，最重要的是，當我找到寶石，那份快樂不是一種征服感，而是 appreciate、深深地感動。

　　當我們只從精品品牌的櫃位上認識寶石，往往誤以為寶石屬於「金錢」的範疇，只要出得起錢，你就能擁有想要的寶石；可是真正前往礦區，看著工人爬著進入礦區，跪在地上挖礦，這時你才會發現，每一顆寶石其實都是上帝的恩賜。

　　世界上不會有兩顆一模一樣的寶石，寶石的內含物、形狀、顏色就像人類的指紋、脾氣一樣，然而，當你真正懂得欣賞它的美，成就它的困難，而非一味地批評它，你就是真正的收藏家。

02　　　推薦序

12　　　代序

14　　　引言

CH1 非洲 ⑰

18　　　馬達加斯加尋寶記

24　　　什麼都沒有，什麼都不奇怪～坦尚尼亞教人懂得珍惜

30　　　緣起緣滅，無比珍貴的沙弗萊石

CH2 亞洲、澳洲 ㉟

36　　　純淨的大海兒女：真珠養成記

42　　　被丟包也甘願～越南紅寶石的謎樣芳蹤

48　　　暗黑緬甸，翡翠噩夢

54　　　血色山巔，抹谷紅寶石的美麗與哀愁

60　　　學會珍惜～斯里蘭卡收藏家之旅

66　　　跟著馬可波羅走，我在印尼發現鑽石了

72　　　舊貨堆裡淘珍寶～印度老城的驚喜之旅

78　　　一言為定的力量～我在以色列看到誠信

84　　　最充實的親子夏令營～泰國磨寶石

90　　　驚魂六小時：我在杜拜嚐到被拘禁的滋味

96　　　最划算的「紅碧璽」～孟買舊貨攤尋獲古王朝精品

102　　　仿傚澳洲人捧國寶：奇貨可居的黑蛋白石

CH3 美洲　　　　　　　　　　　　　　107

108　硝煙中的祖母綠：哥倫比亞頂級參訪之旅

114　礦區如叢林～適者生存的巴西

120　比寶石更貴重～在多明尼加種下的善緣

126　在戰亂的墨西哥，看見人性的光與暗

132　驚「艷」烏拉圭，超值的不只是寶石

138　那一年我們移動房子，瘋玩美國自駕趣

146　別向大衣客買鑽石，第五大道風波不斷

152　鑑價力連專家也折服～我是蘇富比信賴的徵件常客

158　練眼力也練嗅覺：到蘇富比拍賣會上一堂市場課

CH4 歐洲　　　　　　　　　　　　　　163

164　被黑手黨控制的琥珀，俄羅斯深不可測

170　憑實力也賭運氣～比利時鑽石原礦拍賣會

176　當國旗升起～感動說不完的巴塞爾參展初體驗

CH5 其它　　　　　　　　　　　　　　181

182　為了爭口氣，創立「珍藏逸品」提升格局

188　以執著為師，走一條與眾不同的創業路

196　被譏笑的勇氣～我的摯友，彩鑽教父 Dr. Eddy Elzas

202　最終篇～我的寶石大夢

非洲篇

非洲一如想像，擁有各種豐盛的天然資源，盛產珍稀寶石。

然而，上天明明藏富於這片大地，此地多數老百姓卻一貧如洗，窮到用錢就能買走他們的善良。

在非洲尋寶，自是凶險，但也正是在此地，我學會了發自內心的感激。

01

MADAGASCAR

馬達加斯加尋寶記

對許多人來說，馬達加斯加，是一部充滿著可愛動物的有趣電影。但是對我而言，這卻是一個只需花五塊美金就可以雇用殺手的地方！而就在這裡，我，差點命在旦夕……！

「Richard，馬達加斯加挖到藍寶石了！」一早打開手機，斗大的訊息立刻跳出來。

看到這裡，我的心也跟著沸騰了……！

2000 年，「傳聞」馬達加斯加南部的 Ilakuka 礦區有新的藍寶石蹤跡，即使當時的總統被女婿給殺了，呈現無政府狀態，危機四伏，仍然無法澆熄我飛到礦區的心！

而到了現場才知道，若沒有親身走這一遭，實在想像不出情況究竟有多糟。

還記得一下飛機，時間正是馬達加斯加當地的上午。

事不宜遲，我立即就地尋找司機及翻譯。

當地司機很多，但是一聽到要去 Ilakuka 礦區，就算願意付很多錢，也沒有人敢載我去，大家都說那裡太危險了，「沒有人要去，除非你不要命了。」

而就在四處拜託下，最後，我終於找到一位願意兼任司機的保鑣（他身上隨時配帶著槍和電擊棒），再加上一名翻譯，一行人即刻前往礦區。

目的地 Ilakuka 礦區範圍既大且深，大夥兒一邊走一邊找，時間很快就過去了。

「Richard！我們得趕快回飯店才行」，翻譯說話的當下是當地下午三點，只見他一臉焦急地告訴我：「這邊下午四點過後街上就會有很多搶匪出沒，非常危險！」

情況既是如此，我也不敢大意，只好火速離開礦區，在當地找飯店入住，並與保鑣約好隔天早上六點碰面，請他載我前往機場。

此行直到這時，才算終於有時間稍事休息了，不料睡到半夜……一陣吵雜的敲門聲將我驚醒：「Richard 趕快走！昨天，路上很多人都看到你去找石頭，他們都在問『那個東方人在哪裡？』」我看了一下手錶，現在時間是清晨五點鐘。

翻譯接著說：「我還被人逼問『那個東方人住飯店的哪間房？』」聽到翻譯說出這樣的話，我心中大感事態不妙，立刻與保鑣動身離開。

只是當我們把車子開出飯店後沒多久，便有一群人將車子團團攔住。

他們的目標就是我身上的金錢。

智取搶匪，待宰肥羊逃出生天

馬達加斯加的人民月均所得是十塊錢美金，但當地人多半是沒有薪水可領的，尤其是 Ilakuka 礦區，只要花五塊錢美金的代價，就可以雇殺手幫你殺人。

換句話說，人命在這裡可說是廉價到不行，這些攔路者隨時都可以先搶走我的錢再宰了我，揚長而去。不過幸好，我請了一位非常聰明的翻譯，在他的指導下，我先拿出部分現金，並且說服這些攔路人饒了我，我告訴他們：「放我們去 Ilakuka 機場，我們身上只有貨（藍寶石）。」

翻譯研判這群人會聯絡他們的朋友，在我們前往 Ilakuka 機場的路上堵人，因此，當攔路人讓我們離開之後，我們立刻反方向的 Tulear 去。

回想當時的情況，實在太不明朗了，我根本無法得知自己下一秒是否還能活在

這個世界上。而趁著翻譯與搶匪交涉時，我打了一通電話給太太，告訴她：「我們被搶匪攔住了，我不知道應該怎麼辦，這裡沒有台灣辦事處，接下來我如果失聯，請想辦法聯絡中國大使館，找人來救我。」

而在前往機場的路上，果然又有人攔車索討通行費，我們於是開始一關一關地給錢，翻譯甚至還囑咐他們：「若有人問起我們，就說我們去了 Ilakuka 機場。」

或許，因為錢給得夠多，我們居然就這樣「一路順暢」地到達 Tulear。

只是你認為接下來就可以高枕無憂嗎？

No⋯⋯，一點也不，因為登機的過程依舊驚險萬分。

駐守機的警察、工作人員總有各種方法拿走旅客身上的錢。還記得前往馬達加斯加之前就有人提醒我，要在身上很多地方放錢，絕對不能通通擺在一處，而事實證明，這個建議確實非常有道理。

仔細盤算我從過海關到登機，總共被搜了五次身，給了五次錢，而這五次還不

一路上有許多人攔路，除了兜售寶石外，更有想洗劫錢財的。

是每次只給一個人，而是給「一夥人」。再者，若是單純給錢也就算了，居然還有一個女性安檢人員把我帶到一個蓋著布的小房間，向我比出要錢的手勢，我回答她錢都花光了，她居然還命令我把身上的衣服一件一件脫下來檢查。

此外，最讓我萬萬想不到的是，就連從登機門走到飛機停機坪，這短短不到二十公尺的距離，竟然還有人想將我攔下、勒索要錢……

錢關難過，同行差點賠上身家

就在我身上財物被搜刮一空，歷經各種驚險，好不容易上了飛機後不久，機長突然廣播：「跟兩個中國人一起來的那個台灣人，請你下去救另外兩名中國人，因為他們被海關警察攔住了，沒辦法上飛機。」據機長表示，這兩位中國人當時緊緊抱著錢，坐在地上哭，與警察們僵持不下。

其實他們是和我約好一起來馬達加斯加的同行舊識，他們比我早到，我則是從台灣自行出發，各自分頭辦事，但大家相約要一起飛回香港。

當我知道他們被困住了，自己想要去幫忙，豈料我一起身，坐在身邊的乘客紛紛大喊：「你不要下去，一下去就上不來了！」

　　交涉到最後，我沒有下飛機，而是請機長協助，我知道那兩個中國人既不會講英文也不會講馬達加斯加通用的法文或當地土話，機長若不幫這個忙，他們絕對搭不上這班飛機。

　　後來，機長真的把他們救回來，看到他們抱著錢走進機艙，兩個大男人滿臉淚痕，心裡還真是無限感慨啊！畢竟只為了想帶點錢回去，居然嚇到魂飛魄散；為了想找尋稀有的藍寶石，我也差點被搶匪追殺——雖說我的確在當地礦區挖到寶，還是很大一塊的藍寶石原石，約有八、九克拉，還有一些尖晶石，但那又怎樣呢？寶石不只寄不出去，也全數被海關沒收，簡單地說，寶石被搜刮，財物也被勒索光了。

　　後來有人問我：「差點送命，回家之後會不會做惡夢？」

　　老實說，剛從馬達加斯加回來時，只要一講起這次的尋寶之旅，心裡確實還真有點怕怕的，畢竟只要有一點閃失，我就回不來了，但是隨著時間一久，現在想到馬達加斯加時，浮現腦海中的卻是在礦區看到藍寶石時，當下那種令人振撼的美！

　　畢竟我們的一生，經常不知道會在下一步遭遇到什麼困難，而當生命與熱愛的事物站在天秤兩端時，你，又會選擇哪一端呢？

耀眼的馬達加斯加剛玉

近數十年，亞洲與非洲有幾個國家已然成為世界主要剛玉（紅、藍寶等各色剛玉家族）的供應國，其中特別受矚目的新興產地「馬達加斯加」所產出的部分剛玉，則被國際珠寶業者認為是品質與色澤均媲美錫蘭的質優剛玉。

馬達加斯加天然無燒紫剛鑽石戒 MADAGASCAR（with no indications of heating），主石 4.48 克拉。

珠寶
達人

李承倫「探訪馬達加斯加寶石礦區」了解更多，影音連接請上：http://www.youtube.com/watch?v=rFpmKgBQ-Vo

02

珠寶獵人在坦尚尼亞不為觀光，只為尋寶探險。

什麼都沒有，什麼都不奇怪～
坦尚尼亞教人懂得珍惜

擁有絕佳的天然資源與環境，國家卻一貧如洗，這是許多全球知名產礦大國的寫照，坦尚尼亞也不例外。

在沒有最悶只有更悶的突發狀況裡，我深深體會到，天底下的確沒有理所當然的事。

　　坦尚尼亞的 Mahenge 礦區是大名鼎鼎的尖晶石產區，這裡的尖晶石美麗不可方物，被取名為「Hot pink」，由此可知那是多麼美麗的紅色。

　　相較於其他寶石上的紅色，坦尚尼亞的尖晶石顯得較濃郁深沉，它擁有一種剔透的紅色，放到光線下會更加呈現出如夢似幻的粉紅。除了這份美麗實在罕見以外，受到各方追捧的原因還在於這種尖晶石在市場上已然絕跡……。不論是哥倫比亞的祖母綠，還是緬甸的紅寶石，兩者都是知名的罕見寶石，可是在市場上都還能見到，而 Mahenge 礦區的尖晶石，卻已不見蹤影。

　　正因如此，才會更加吸引我非跑一趟坦尚尼亞不可！而那趟旅程還真讓我尋到了美麗的尖晶石，只是回想發生過的種種，

許多非洲國家因交通工具匱乏，用頭頂運輸東西就成了一個方便省錢的好辦法。

讓我印象最深刻的竟然不是尖晶石，而是坦尚尼亞這個國家。

截至目前，入境坦尚尼亞前還是要先打瘧疾，狂犬病和黃熱病這三種預防針，我曾在海關看到同機乘客因為沒打預防針，所以被直接原機遣返的實例，因此當下還真是慶幸自己並未心存僥倖，可是乖乖打足了三種疫苗之後才出發。

「機場竟然這麼多人？難道大家都和我一樣，懂得要來找寶石？」首次到坦尚尼亞，在機場見到很多旅客，我的心裡很疑惑，還以為大家都是寶石業的同行。後來才搞清楚，原來他們是要來看發生在肯亞和坦尚尼亞兩國交界動物大遷徙的遊客，隨著季節交替，每年會有兩次這種大規模的動物遷徙。由此實在很難讓人想像，像坦尚尼亞這種擁有豐富自然資源，也有大片國土都在生態保護區內的國家，為何人民的生活水準依舊低落到令人難以置信的地步？

人在囧途之「沒油可加」的加油站

「Richard，我們沒油了。」

「那就開去加油站加滿啊！」

「你有所不知，這附近的加油站從昨天開始就沒有油了。」

「加油站沒有油？！」

「我們必須到鎮上過夜，才能順便去買黑市裡的油。」

從坦尚尼亞 Arusha 到目的地 Mahenge 礦區的路上，我們不幸遇上了加油站無油可加的窘境，司機說我們必須到鄰近市鎮過夜，才能就近去市場買油，但這種油並不合法，是所謂的「黑市油」，價格足足

眾人正小心翼翼地將得來不易的石油注入油箱裡。

貴了一點五倍，但卻非買不可。政府不僅沒有大力取締，還讓合法加油站買不到油，由此可見這個國家的公權力有多麼黑暗，實在令人感慨。

就地野炊煮蛋，簡便的野地式餐點就是當地所說的歐式早餐。

從礦區回到主要城市的途中，我們再度面臨無油可用的困境，加上附近沒有市集，司機直接站到路邊攔機車，分別付錢給 一位騎士，請他們賣點油給我們，這才稍解危機。

另一件如今想來既好氣又好笑的事，是發生在 Winza 紅寶礦區附近的飯店裡。而雖名為飯店，但外觀看來卻好像是一棟根本沒蓋完的建築物。我之所以選擇住這裡，純粹就是圖個距離近，隔天一早可以盡快到礦區，所以入住時還特地問服務生：「我明天一早就要去 Winza，早上五點半就要吃早餐，你們可以準備嗎？」

「沒問題，我們有 Continental Breakfast ！」

聽到這裡我心想：「歐式早餐？有火腿培根、煎蛋、麵包和咖啡的那種，哇，原來在這裡還可以吃這麼好？！」而就在強烈的期待和好奇心驅使下，那一夜我睡得很好。幻想明早會有產地直送雞蛋，新鮮手擀麵餅，一吃三小時的豪華養生早餐等著我……

直到第二天一早，我梳洗完畢走下樓，迎面就是一陣煙飄來，我順著煙霧走到飯店門口，映入眼簾的畫面像是突兀的爆笑喜劇場景，昨天接待我的那位服務生，正蹲在地上生火……

「昨天你不是說五點半可以吃早餐，有 Continental Breakfast ？」服務生正忙著生火全身汗，看這生火的陣仗，這間沒有廚房的飯店，平常供客人吃喝就是必須

這麼勉強、費事。後來，服務生還努力地當場揉麵糰，設法烤餅給我們吃。

「請問有雞蛋嗎？」

「有的有的，馬上來！」

服務生滿口說好，但隨著時間一分一秒過去，已經早上七點多了，我要的雞蛋始終沒有出現。

「蛋快要來了，我同事已經到村子裡，待會兒就有雞蛋吃了。」服務生試著安撫我。最後在早上八點多才看到雞蛋，眼見服務生依然忙得不可開交，我乾脆自己拿著蛋到爐邊煮熟再帶到車上吃，因為若再不出發可就真的來不及了。

在現代社會裡長大的孩子們，經常覺得很多事情都是理所當然，但是在坦尚尼亞，凡事皆沒有「理所當然」的道理。就連機車專用的油、人們煮飯的食用油都不見得有，就連最尋常的雞蛋還要去農村裡找，機場更是說停電就停電，連瓦斯也不是隨處都找得到。

每一次在礦區現場，我總是感慨良多，喜歡佩戴寶石的人不少，可是大家明白這些珠寶能夠來到我們平安富裕的世界裡，這一切有多麼不易嗎？走過世界上貧窮與富裕的兩端，我這才發現，懂得珍惜的人，才是擁有最大的幸福的一群。

居民共用同個水井，每日提桶汲水回家中使用，不覺辛勞。

美麗的誤會～尖晶石（Spinel）

世界上最迷人、最著名、並富有傳奇色彩的紅色尖晶石是「鐵木爾紅寶石」，寶石重361克拉，素有東方「世界貢品」美譽。幾百年來，尖晶石被當作是優質的紅寶石原石，現在利用寶石鑑定儀器即可分辨真偽。事實上，這些美麗的尖晶石已幾乎和紅寶石同樣稀有，但是由於消費大眾對尖晶石的認知不夠，尖晶石在市場上的知名度也因此受限。

彩色尖晶石套鍊（18 KARAT WHITE GOLD, MULTI-COLOURED SPINEL、MULTI-COLORED GEM-SET AND DIAMOND NECKLACE）
主石：14 顆彩色尖晶石裸石，共 50.21 克拉（最大顆 21.30 克拉）
配鑲：2,379 顆白鑽共 15.58 克拉、705 顆藍鋼共 5.4 克拉、203 顆各式彩剛共 2.8 克拉、18K
證書：共 14 張 GUBELIN

神秘且醉人～丹泉石（Tanzanite）

丹泉石僅出產於坦尚尼亞，顏色就像坦尚尼亞的黃昏一樣，深藍帶紫，神秘醉人。丹泉石為黝簾石的變種，經過切割後有紫、綠、藍甚至紫紅色的多色變化，相當受到歡迎。

因為藍寶的稀少，一般市面上的丹泉石都經熱處理後使其像藍寶，由於中國市場的需求與開採不易，產量稀少，且結晶顆粒不大，故市場供不應求，是近年來十分搶手的寶石。Tiffany & Co. 一顆 233.96 克拉的丹泉石掛墜售價就高達新台幣 1,500 萬。

丹泉石鑽石套鍊（18 KARAT WHITE GOLD, TANZANITE AND DIAMOND NECKLACE），199.4 克拉，配鑲共約 2.95 克拉白鑽、18K

珠寶達人

李承倫「前進非洲坦尚尼亞礦區」了解更多，
影音連接請上：http://www.youtube.com/watch?v=9I_bWkDau7U

03

TSAVO NATIONAL PARK

緣起緣滅，無比珍貴的沙弗萊石

新興寶石的價值不容易受世人認同，想推廣，必須付出可觀的代價。
沙弗萊石（Tsavorite）的故事堪稱其中最慘烈的一個，然而，慘烈的
故事未必沒有正面的意義。

　　非洲是一塊盛產各種珍稀寶石的陸地，好比肯亞，寶石迷都知道此地最有名、
最有梗的寶石，就是發現歷史不到五十年的新興寶石：沙弗萊石。它是近年漲幅特
大，市場上非常熱門的寶石，但相信許多人都不知道這個漲幅後面，其實埋著一個
哀傷的故事。

　　1967 年，舉世聞名的英國地質學家 Campbell Bridges 博士在肯亞的沙弗國家
公園（Tsavo National Park）發現了沙弗萊石。當地位處肯亞與坦尚尼亞的交界，
Campbell Bridges 博士發現的礦脈屬於坦尚尼亞國境內，很快地被坦尚尼亞政府收
歸國有。

　　Campbell Bridges 博士不死心，轉移陣地，繼續
在國家公園內劃屬肯亞的區域尋找，1970 年，他真
的找到了相似的地質結構，建立了採礦的新基地，並
且為這種寶石命名為沙弗萊。此後，他把大半生的時
間都用來開採沙弗萊，不遺餘力地推廣沙弗萊。

Campbell Bridges 博士與樹屋合影。

但不幸的是，2009 年 Campbell Bridges 博士卻在沙弗國家公園附近的鎮上慘遭偷採沙弗萊的暴徒殺害。

壯志未酬身先死，傳奇地質學家 Campbell Bridges

「那天早上，我們一如往常的出門。」

「走在路上，突然就一群人衝過來要攻擊我們。」

「我和一個同事趕緊逃跑，後來跑回原本的地方，才發現我爸死了。」

「他被人用矛直接刺死。」

Campbell Bridges 簽名限量沙弗萊裸石 4.95 克拉。

刺殺事件的目擊者、倖存者，Campbell Bridges 博士的兒子寶石學家 Bruce Bridges 是我相交多年的摯友，他曾告訴我當年慘案的情景，他當時徹底的被嚇壞了。我想任誰聽了都覺得殘忍，殘忍，不只在於暴徒手段兇殘，兒子目睹父親橫死，自己卻束手無策，他的心情有痛苦？

我對於 Campbell Bridges 博士被殺害感到不勝唏噓，因為 Campbell Bridges 博士生前想盡辦法要推廣沙弗萊，不是為了自己的榮華富貴，更多是為了回饋給孕育沙弗萊的那片土地、人們。（礦區位處荒野，周遭居民的生活過得比其他肯亞的老百姓更苦）

媲美祖母綠，沙弗萊石本該受追捧

如果沙弗萊成為大家喜歡的寶石；如果挖到更多礦脈，當地居民有機會成為礦主，那麼這些人，這塊土地就有機會脫貧。這就是 Bridges 博士的遺志，他如果只是想賺大錢，就不會在當地造橋鋪路，花費心力和財力為礦區周圍做水土保持，並推廣教育，提升當地的生活水準。

沙弗萊石的魅力何在，讓 Campbell Bridges 博士這樣的寶石專家心生夢想？

「我爸總認為沙弗萊的美勝過祖母綠。」

沙弗萊是一種綠色的石榴石，全世界的綠色寶石並不缺巨星，比如祖母綠、綠碧璽、橄欖石，可是祖母綠有很多內含物，所以又叫「瑕疵花園」，折射率低，晶體又不純淨。然而沙弗萊石既有祖母綠美麗的綠色，折射率又高，晶體乾淨，Bruce 說他父親深信美麗又稀有的沙弗萊石將來可以勝過祖母綠，甚至取代它。

以如今沙弗萊石價格飆漲的幅度來說，Campbell Bridges 博士算是夢想成真，遺憾的是在他有生之年，已無法看到世人對沙弗萊的追捧。而造成價格飆漲的成因，其曲折、令人感慨的程度，已遠非當初的他所能預料得到。

回到 2009 年的慘案。Campbell Bridges 慘遭殺害後，擁有兩國國籍的 Bruce（父親來自英國，母親是美國人）堅持查案到底，於是事發後肯亞當局立刻關閉了整個礦區，追查案件。十幾年後，行兇的歹徒不僅被一一逮捕，也判了無期徒刑，此案的意義重大不只在於 Campbell Bridges 博士終於冤案得雪，Bruce 表明更重要的是：「雖然地處非洲落後國家，也要讓大家知道，並不是想殺人就能殺，殺了人是會被逮捕判刑、終生監禁的。」

案發後一直不能回到首都奈洛比，不敢再到礦區的 Bruce，終於可以回到礦區，準備繼續父親的遺志——Campbell Bridges 博士半輩子努力推廣沙弗萊石，但始終無起色，Bruce 很想幫父親做到。

「2014 年回去開挖，發現裡面根本什麼都沒有。」

「挖不出大件的寶石，都是小小的碎屑，礦藏基本上算是沒了。」

Bruce 發現父親留下來的礦坑裡，礦藏幾乎已絕。

以寶石當起點，振興在地產業的可能性

即便父親慘遭殺害、政府封閉礦坑，沙弗萊石的價格也沒有任何起色，大家都

以為這個礦區還有很豐富的礦藏，不虞匱乏。直到 Bruce 確認礦藏已盡，這才大為驚動了市場，沒想到沙弗萊的礦藏竟隨著 Campbell 博士逝去，讓沙弗萊石的價格瞬間起漲。

人死，礦絕，沙弗萊石的美才真正名動天下，從這個角度來說，沙弗萊石的故事很哀傷，可是 Campbell Bridges 博士的理念和作為也啟發了我。

Campbell Bridges 博士在非洲尋求新的礦石多年，每當發現新的礦石，就大量雇用當地居民，教授他們如何維生，改善生活條件，也是發揚在地價值，造福鄉里的一門產業。他的事跡讓我意識到自己也有社會責任，必須為台灣產出的礦石盡一份心力。所以近幾年，我成立的寶石博物館和 EGL 寶石鑑定所，開始研究台灣的寶石──包括珊瑚、台灣藍寶、台灣玉的開採和知識性的傳授，希望讓更多人了解台灣也有美麗且珍貴稀有的寶石。此外，更重要的是台灣的珠寶設計，未來我還希望推廣寶石觀光，讓外國人也能對台灣的寶石、珠寶設計與寶石學術研究產生興趣。這個夢想雖然很大，但我相信只要灑下種子，辛勤灌溉，終有一天夢想一定能發芽。

沙弗萊石～緣起緣滅，彌足珍貴

全世界只有一個地方生產沙弗萊石：位於坦尚尼亞與肯亞交界處的沙弗國家公園（National Tsavo Park）附近。最極品的沙弗萊石，偏暗又帶點藍色，直視時會給人一種清澈卻又散發目眩神迷光彩的神祕綠光。如果顏色淺淡又帶點藍，琢磨後將清綠如薄荷葉，礦物學者將之歸類為薄荷柘榴石，寶石學上稱為綠色石榴石。由於成份特殊、色彩迷人、獨一無二且礦源稀少，讓沙弗萊石成為非常搶手的礦石。

沙弗萊石墜（附 GUBELIN 證書），20.43 克拉 GRS。

珠寶達人

李承倫「女人要有錢 Gem Hunter＿沙弗萊篇」了解更多，影音連接請上：http://www.youtube.com/watch?v=mLne9ol_OXw

亞洲．澳洲篇

亞洲擁有古老的文明和豐沛的資源，

許多珍寶承載著歷史的重量，應該更被珍視，事實卻不然。

許多礦區被過度開發，古董珠寶也湮沒於民間，實在遺憾。

但這個遺憾也有正面意義：人們懂得珍惜，萬物才能珍稀。

N
▲

04

與現代科技隔絕的世外桃源 — 菲律賓南部巴拉望海域

純淨的大海兒女～真珠養成記

恐怖活動頻傳的菲律賓西南部海域，竟是孕育金珠的溫床！一整片金黃陽光，純淨海水，只為了醞釀金唇貝絕美的金黃色真珠。誰能說美麗並不奢侈？

「金珠」指的是黃金真珠，其稀有、難以培育和美麗無暇的程度可說是真珠中的極品，培育過程向來神秘，遍尋資料也無法得知其中奧秘，而我在菲律賓海域養珠場島主的邀請下，終於有機會親眼目睹！

島主是法國人，他買下了菲律賓南部巴拉望海域附近的七座島嶼做為養珠場，其中的花島（Flower island）就是我們住的地方。這些島上既無電話也沒 wifi，平日除了養珠場的工作人員外，就只有極少數的島主友人，可以搭乘他派來的直升機往返於各島之間。

還記得接到邀請，當下我便匆匆收拾行

搭直昇機前往花島

菲律賓喧鬧的市區

李，拉著老婆一同前往。而剛走下島主派來的直升機，我立刻眼前一亮，驚嘆連連，此刻終於了解「美麗的事物果真藏匿在人跡罕至之處！」

躲在衣櫥的巨大壁虎

動物比人多，鮮嫩干貝當餌用

在島上，隨便一種動物都比人多，比如外型活像史前動物，全球只有幾千頭的巨型蜥蜴「科莫多龍」（Komodo Dragon），這群動物朋友就在花島海灘上跑來跑去，景象實在太驚人！而對我來說很驚奇，但對老婆來說卻很「驚悚」，總把她嚇得花容失色的除了科莫多龍以外，還有……

「承倫，你有聽到一種『砰砰砰』的聲音嗎？」每天夜裡房間總會傳出巨大的聲響，直到某天我們終於被吵到睡不著，決定徹底「搜查」，這才發現竟有一隻超大的壁虎就住在我們的衣櫥裡，一邊吃蚊蟲、一邊大聲敲「門」。

受不了好奇心驅使，我忍不住抓起牠仔細端詳，這個舉動讓老婆徹底崩潰，硬逼著我把牠扔到屋外去……

在這些近乎無人的島上，從事各種水上活動都很方便，某天我想出海釣魚，工作人員給我一大包「魚餌」。

端詳半天後我愣住了：「這不是大干貝嗎？」原來，養珠場在採收金珠後，採集蚌類產生的鮮美多汁干貝就沒有用處了，數量多到可以拿來當魚餌。而我和老婆看著那一大包干貝，口水都要滴下來了，覺得這魚餌實在好奢侈：「我看不用釣魚了，直接烤干貝來吃就夠了！」

也就是在這種極度原始、純淨的自然

全球只有幾千頭的巨型蜥蜴「科莫多龍」（Komodo Dragon）。

一整片金黃陽光，純淨海水，只為了醞釀金唇貝絕美的眼淚。

環境下，才能生養出美麗稀有的金珠。

栽培繁複，篩選嚴苛，金珠只能萬中選一

　　1890 年代後，日本御本木真珠創辦人 Mikimoto 先生發現天然真珠已然消失殆盡，於是開始嘗試人工繁殖，成為全世界成功養殖真珠的鼻祖。也許正因為「養殖」這個字眼，讓世人誤以為真珠既然是人工培育，所以不稀罕。但事實上絕非如此，特別是金珠的養成絕對是「精益求精」這句成語最好的註解！

　　「環境夠好，母貝也要好。」

　　「從孵母貝到收穫金珠，要花四到五年，總共三百二十二道照顧工序！」

　　至今回想起島主的說明，記憶猶新。

　　為了得到好的母貝，養珠場的工作人員找來很多天然貝來孵化，長得最好的那

金珠養殖工序

1. 養珠場培育許多金唇貝，在孵化的過程中，必須每日定時餵食營養劑，以確保母貝成長健康。

2. 其中體質最為健壯的母貝，方能用來培植金珠；光是培育母貝的時間至少就需要三年。

3. 植入內核前需要等金唇貝自然的張開後，並使用東西撐住；強行打開會造成貝類死亡。

4. 師傅正小心翼翼的植入珍珠內核。

5. 為期 3 年以上的垂釣養殖，過程中需定期清理蚌殼上長出的菌類和藻類。

6. 除了定期清理外，颱風過後水質混濁更是要特別清理。（圖為經清理過後的蚌殼。）

7. 另外，養殖場更會透過 X 光，以確認金珠是否已成長到可採收的大小。

8. 符合標準者方能取出金珠，其餘則回到海上繼續垂釣養殖。

9. 一顆金珠的養成背後，需要經過 3 2 2 道繁複的工序，方能成就金珠的美。

些才能用來培殖金珠。而孵化過程中，科學家還得每天定時餵食營養劑。待母貝孵化成功後，會被吊在海面下大約三到五公尺的深度，因為這個深度的海水溫度通常保持在一定均溫內，靜待母貝成長三年後，才能再次放入金珠內核，若是太早放入，母貝便極有可能會夭折。

　　但也不是殖入真珠內核後就能順利產生真珠，整件事情可沒那麼簡單！

　　因為放入金珠內核，養殖到一定尺寸後，工作人員必須幫母貝定時翻身，確保真珠質均勻包覆內核；每隔三個月，還要取出母貝，仔細清理蚌殼上新長出來的菌

類和藻類；甚至是當颱風過後，海水變混濁，也得仔細清理母貝，防止汙染。這中間，金珠還要送母貝去照 X 光，全面檢查，確認母貝是否健康？金珠還在嗎？尺寸有多大了？畢竟要尺寸夠大了才能採收，如果不夠大，還得繼續養著……

就在這個繁瑣的過程裡，母貝逐漸孵化；然而就算成功孵化，也僅有極少數能存活到殖核階段，換言之，成功孕育真珠的母貝，機率只有百分之一，還沒算上要從中精挑細選出高品質的金珠，所以若用「萬中選一」來形容，實不為過啊！

古人說：「十年寒窗無人問，一舉成名天下知。」金珠的誕生，其過程之艱難可不亞於寒窗苦讀的狀元，這不僅是純淨海洋中最美麗的眼淚，也代表了許多專家數年守候與精湛養殖技藝的心血，實在值得我們尊敬與珍藏！

可歌可泣的天然真珠歷程

天然真珠不同於養珠，是最原始自然形成的瑰寶，蚌殼為了抵禦外來的刺激物，而分泌一層層的真珠層，這痛苦的磨合過程，歷經好幾年的時間，最終才形成真珠；其中，更因為無法抵禦的天災因素，產量更是稀少。真珠的取得也相當困難，需要海女與海士們，冒著被肉食性海中生物的攻擊危險、複雜的海流，潛入幾十公尺的海中採取真珠。因此，這來自自然界中最痛苦、深刻的美麗奇蹟，無論在東西方，自古即是王朝尊貴的象徵。

十九世紀的古董天然真珠套鍊（SILVER AND GOLD, NATURAL PEARL AND DIAMOND JEWELS, 19TH CENTURY）

珠寶達人　李承倫「探訪菲律賓真珠產地」了解更多，影音連接請上：http://www.youtube.com/watch?v=rFpmKgBQ-Vo

05

由於礦區地處荒野，越南礦工至今仍然過著物資貧乏的生活，未見改善。

VIETNAM

被丟包也甘願～越南紅寶石的謎樣芳蹤

1980 年代後，越南紅寶石就絕跡於市場，無人知曉其存在。我卻因
為看到一行文獻記載，就忍不住出發去找尋她的蹤影。
明知結果可能是一無所獲，但還是非要親自走一趟不可……

　　真正的愛情可以令人發狂、奮不顧身，身為一個寶石狂熱份子，我對寶石的熱
愛也是如此。很多人羨慕「侏羅紀寶石」能有今天的成績，但我一路走來的追尋和
付出的代價，卻也是外人難以想像的。

　　早已絕跡的越南紅寶石，常與緬甸紅寶石混淆。」還記
得某天早上，在一份文獻中看到這行字，想起早期在寶石鑑
定實例上的確經常發生這種混淆，當下，我心裡就像被
按下了某種開關，立馬便決定要出發去找尋這個答案。

　　老遠飛上這麼一趟，就只是為了了解越南紅寶石
和緬甸紅寶石為何容易混淆？以及如何區別？這麼「學
術性」的理由乍聽之下或許很瘋狂，很不真實，但是在
寶石的世界裡我始終相信：真正的答案長在自己腳下，
不到現場，就得不到真相。

GRS 無燒鴿血紅紅寶戒
墜兩用款，6.56 克拉。

總之，言歸正傳，我還是飛到越南去了。雖然河內、胡志明市已是很現代化的城市，但除此之外，其他地方還是非常原始的，而我，什麼都不懂就傻傻地飛過去，想當然爾，人還沒到礦區就肯定吃了不少苦頭……。

其實這趟旅程的目的地，我最想去的是安沛省的路克彥地區（Luc-yen），但沿途問了很多人，大家都說不知道。我後來整整花了兩天，方才在河內問到可以搭什麼車過去。

「路克彥太遠了，我只會經過附近喔。」一大清早好不容易才搭上巴士，豈料司機竟然給了一個不好不壞的消息，說他的車班不會直達，後來想想「也罷，反正附近應該也有其他車子會經過，下車了再想辦法吧。」我安慰自己船到橋頭自然直，但如今回想起來，我還真是個天真的樂觀咖。

因為司機所謂的「經過」，根本不是經過路克彥，而是在大約距離河內市還有一個鐘頭車程的一片荒郊野地，自然的，我就被……丟……包了。

獨自流落荒野，永生難忘的七小時驚魂記

「你再不下車，我要一路開到中國了喔！」當時司機邊說邊準備停車，我聽完後非常吃驚，拜託他讓我下車在稍有人煙或有車能搭的地方，但他竟充耳未聞，只說我若不在這裡下車，那他就要一路往北開，據說那是與「中國」雲南接壤的地方……。

還記得下車那時大約是早上十點，整條路前不著村，後不著店，比「搭便車」的手勢完全沒用，少數呼嘯而過的車沒有一輛肯停下來搭理我。天性樂觀的我只好拿起相機玩自拍，也拍風景和地質外觀，順便田野調查，就這樣拍到

在人煙飄渺處被司機半途丟包，從白天苦等到天黑，
差點要露宿荒野。

山路崎嶇，無法開
車通行，僅能以摩
托車代步。

　　傍晚五點，一個人帶著行李傻傻站在路邊，足足乾耗
了七個小時。

　　　終於，正當太陽快要下山時，眼前出現了
一台警車，救星來了。

　　　警察把我載到可以搭車的地方，我再自己想辦
法前往路克彥。其實這個村落還很「原始」，我入住
當地號稱「三星級」、設備最好的飯店，但飯店大門竟是
二十四小時全天敞開的，說穿了，飯店其實就是長得很像「別
人家」，飲食和住宿條件都很差。可是想到幾小時前我還被困在荒郊野外，「飯店
不關門，會不會有人來搶」的恐懼已經不算什麼，有地方住對我已屬萬幸。

物以稀為貴，凡事因珍惜而有價值

　　　「看到那個突起的地方了吧，你一直爬上去就對了。」

美麗的紅寶石因為大理岩
碰撞、沖刷之故，而藏匿
在山溝裡。

清晨時，當地有寶石市場
在販售寶石，以工業用居
多，多用來做成研磨劑。

　　因為紅寶石礦已被禁止開採，所以在當地只剩下偷採的礦，所以我還得爬上陡峭的山頭才能親眼目睹。看著村民指給我看的遠方山峰，我半信半疑地上路，但因為路況太差，根本沒有路，所以只好自己爬上山。而正當我爬著爬著，開始懷疑村民只是敷衍我的時候，萬萬沒想到還真讓我找到了⋯⋯。

　　前方的路邊，有一群人正在使用簡單、傳統的方式篩洗剛剛開採出來的紅寶石，我走上前和他們攀談，認識了當地礦主，也看到很美的各色寶石，最後經過多次交涉，礦主們卻始終不願意出售。其實，和當地人購買寶石的經驗也給了我很寶貴的省思。也許因為紅寶石被挖掘殆盡，這讓越南人深深警惕，他們知道礦物總有一天會挖完，因此非常感激與珍惜自己國家產出的寶物，絕不輕易售出。

　　最後，雖然我只買到做為研究用的寶石樣本，根本沒有商業價值，但這對我來說已經足夠。畢竟在此同時，我也從中學習到對於「價值」的態度：以價制量，既能讓礦藏的開採得以永續，更可保持礦物的增值潛力，畢竟物永遠以稀為貴。

　　唯有懂得「珍惜」才能讓事物愈來愈有價值，若總是以交易做為前提，那麼反而只會失去了價值！

緬甸紅寶與越南紅寶，為何難分辨？

現今寶石界，大概都只認識緬甸出產的紅寶石，其實越南也曾盛產紅寶石。經我研究後發現，這兩地的紅寶石礦都是大理石的變質岩，由於產出方式如出一轍，所以分類時的確容易混淆。

越南無燒紅寶星石墜，52.37 克拉。（WITH NO INDICATIONS OF HEATING PLATINUM , RUBY AND DIAMOND PENDENT）

珠寶達人

李承倫「前進東南亞，直擊越南寶石礦區！」。影音連結，請上 https://www.youtube.com/watch?v=JowUfHqo2VE

06

緬甸是世界最大的翡翠產出國，翡翠貿易收益影響著緬甸國內的整體經濟發展。

MYANMAR

暗黑緬甸，翡翠噩夢

走訪全世界，免不了有被騙、被嚇的噩夢經歷，跑過這麼多地方，比如中美洲、南美洲、非洲等等，我發現最恐怖的是緬甸人。
這個信仰佛陀的國度，有極其暗黑的一面。

　　人生總會經歷一些險惡之事，我也不例外。但危及性命只是其次，真正令我膽寒的，卻是遭到熟人設局的慘況。

　　「老闆，我姐姐在緬甸有朋友做翡翠生意。」

　　「去看看吧，一定可以挑到不錯的貨！」

　　有一回香港朋友 Alex（化名）提議要帶我到緬甸去找翡翠，聽他說當地有熟人可以引薦好的貨源，我聽完後非常心動，心想在陌生的地方若有熟人牽線總讓人比較放心，價錢也許會更好談，於是，待準備好行囊，我們便立刻動身了。

熟人牽線，涉入險境竟不自知

　　在緬甸賣翡翠的中央市場，當地人做生意的方式很「不一樣」，任何寶石都沒有一個公開定價，客人只能出價，若擺攤者願意接受這價格，就會拿出繩子把寶石

NOTICE
FOREIGNER
ENTRANCE FEES
1000 Kyats
入費緬幣1000元

緬甸玉市場

綁起來,並且暫時離開攤子,帶
著商品去請示「老闆」。而留在現場
的客人只知道這個寶石有機會賣
出,但無法確定是否能買到。因

老坑種翡翠戒。

為擺攤者回到現場後,很可能會回覆你:「我們老闆不賣。」

　　這時,若客人希望買到寶石,那麼就只能繼續往上開價,然後
等待,若再被拒絕就繼續開高價,直到對方同意售出為止。

老坑種針墜兩用款。

　　如果只是買貴了還不打緊,更最糟的是,對方還會騙你。

　　還記得那天我自己前往市場,並且就在 Alex 姐姐介紹的攤子前面挑貨。雖說
自認謹慎,但最後還是被騙了⋯⋯。

遭人設局，這是一個零的圈套

「只有這兩個可以賣，其他都不行！」當我相準了幾個寶石並且連續出價，擺攤的人回去請示「老闆」後表示，大部分的寶石都不賣，乍聽之下我自然心慌，畢竟大老遠跑一趟，實在不想空手而回。所以，我的價格開始愈開愈高，好不容易最後成交了十個。接著，我帶著擺攤的人一起到銀行取錢，並在車上拿著帳單根他確認：「所以剛剛一共是買了一億緬幣的寶石，對嗎？」

「是的！」對方笑著說。

然而到了領錢的地方，他的嘴臉開始變了。

「第一件寶石是百萬緬幣。」我從頭開始計算。

「不對，你看錯了一個零，那一件是一千萬！」擺攤者立刻反駁。

「我剛才在車上問你的時候，你明明不是這樣說的……如果光這一件就一千萬，那麼我不買了。」我感覺事態不妙，決定退回寶石。

「你不能不買，寶石都已經捆起來了，是你寫錯數字，我已經先拿了錢給老闆，所以你一定要賠這個金額給我！」

而正當我們在爭執時，四周突然響起一陣摩托車聲。

十幾個渾身刺青的男子迅速且團團圍住我，吼著：「付錢！付錢！」直到這時我才知道大事不妙，若是不買，恐怕也無法活著離開現場了。而更讓我感到雪上加霜的是，帳單上寫的是緬甸字，緬甸的數字 3 看來像是 2；4 像 9；1 和 0 更是相似，所以不只是小數點有問題，我連「3、4、5、6」都看錯。

最後，我根本算不清自己到底付了多少倍的錢。

付完錢，我離開現場，心裡愈想愈不對勁，有股寒意直衝心裡。從進入市場買寶石到結帳，我覺得自己像

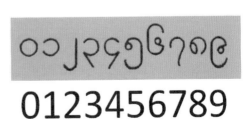

緬甸數字對照表。

正、濃、陽、勻兼具的美麗緬甸翡翠。

是走入了一個圈套，是被人有計畫的設局詐騙和威脅。

怎麼說？因為緬甸幣的幣值太小，和美金之間的匯率大約是 1000：1，所以換算時的小數點常常會點錯，這一點錯就會多一個零，對方也知道外國客人容易點錯小數點，於是故意看著客人寫錯也不提醒，讓一百萬緬幣就變成一千萬緬幣；同樣地也會因為點錯，被人誣陷說一千萬是一百萬。

賄賂還挑貨，官員貪婪沒有極限

當我查覺自己被騙後，我不再相信 Alex，回到飯店丟下一句「我要換房間自己住」，就直接提著行李離開，我也不是去換房間，而是聯絡當地的朋

友，直接前往下一個城市。

「你們外國人在很多緬甸人眼中，就是在路上走的美金。」朋友聽了我的經歷後淡淡地表示，後來，Alex 也承認可能是他的家人設局詐騙我。

再者，我在緬甸受的氣還不僅只於賣翡翠的中央市場，回程在機場時，緬甸海關官員不只要錢，還「明示」我把箱子打開，他要「自己挑寶石」，如果不肯，他就要找我麻煩。只是挑寶石不可能百發百中，十顆裡面如果有一兩顆挑對，具有商業價值，就已算是不虛此行。換言之，如果失去了那一批寶石中最有價值的一顆，那我這一趟等於白來。

緬甸人很懂翡翠，那位海關官員挑走了最好的寶石，我那趟緬甸行也算是把白花花的錢都往水裡灑了。回到台灣後，看報導說有人帶隊到緬甸買翡翠遇劫，也在中央市場被詐騙、威脅，我這才知道自己當時不算特例，這種組織性的詐騙模式已在當地蔚然成風潮，專門欺負外地人。我想，緬甸雖然號稱以佛立國，但如今人心險惡與貪婪的程度，也許連佛陀都不忍卒睹吧！

有過這個經驗後，我對於「騙」這個字變得特別有感覺，之後在經營生意或與人相處時，我也會時時警惕自己「以誠待人」的美好！

一刀窮，一刀富，一刀進當鋪

翡翠為多晶聚合體，未切磨的帶皮原礦，難以鑑定判別價值，「賭石」一刀切富，也可以一刀切窮，但憑經驗和運氣，行家會以觀察原料的表皮是否見蟒與癬，作為初步原則篩選。

☆蟒帶一般平行綠色的走向（或稱綠的形狀），多為原生裂隙含鉻離子而致色。

☆癬是指表皮或內部有黑灰黑色的斑塊、條帶等，這些黑色礦物與致色的鉻離子在適當的條件下，使翡翠致綠。

蟒

癬

珠寶達人

李承倫「前往緬甸，帶您了解礦區實況！」。影音連結，請上 https://www.youtube.com/watch?v=AU3Inn9bMSE

N
▲

07

礦區下流見有零星的礦工使用克難的網篩，在水中掏洗礦土

血色山巔，
抹谷紅寶石的美麗與哀愁

我在上一篇文字中曾經提及自己在緬甸翡翠中央市場遭到詐騙、威脅的經過。但儘管在緬甸的採買經驗並不愉快，但是基於對寶石的熱情，每每聽到好消息時，我還是想要把握機會去試試，於是，我前往全球開價最高的紅寶石產地：緬甸的抹谷（Mogok）探險了⋯⋯

　　話說抹谷擁有四百多年開採歷史，當地最上乘的紅寶石，色澤濃艷似血，人們素以「鴿血紅」稱之。

　　一如往常，親近美麗的事物並不輕鬆，我先在曼德勒（Mandalay）略做停留，等著與緬甸當地的友人 Eric（化名）會合，請他幫忙安排車子和司機。

　　「你得等一、兩天，我要打聽一下。」

　　「從這裡到抹谷，三條路線都很危險。」

　　Eric 表示從曼德勒到抹谷約有一百多公里的路程，開車得花上七小時，一來因為公路位於山脊上，路況相當差；二來則是沿途常有叛軍出沒，

在緬甸還能依稀看見英國殖民下的痕跡

搶劫、殺人事件層出不窮，司機行經這些路段總會特別謹慎。

在當地停留了一天後，Eric打聽到三條路中只有一條路能走，因為「其它兩條露最近都有發生搶劫殺人案件。」而且雖然還有一條路能走，卻得一大早就上路，因為「中午過後再出發，路上一定會被搶。」Eric嚴正地警告我們。

血色珍寶引殺機，抹谷礦區似地獄

隔天一早我們出發。在中途停車休息的上廁所時間，Eric和我閒聊，他伸手指著路旁說道：「你看到那棵樹沒有。」

「那棵樹怎麼了？」

「一個月前，這棵樹上面吊死了十個人。」

「那你還帶我來這條路！？」

話說一個月前，當地的叛軍抓到了十個政府軍人，為了向政府軍示威，就把這些軍人吊死在路旁的大樹上，其實，Eric對我並沒有貳心，他之所以帶我走這條路只是因為「和其他兩條路相比，這條路是最近相對安全，搶劫案最少的選擇。」

乍聽之下只覺得震撼莫名，而當抵達抹谷後，我終於了解為何通往抹谷的路竟會如此凶險！

美礦在山巔，只容巨賈見

緬甸北部，在印度版塊和歐亞版塊的相互推撞之下，造山運動的壓力、溫度讓岩層變質，因此產生寶石。變質的岩層遭到推擠後，正巧位於隆起的山巔處，也就是抹谷這個城市，在如此陡峭的山頭裡埋藏這些寶貝，政府根本管不到。於是當地許多歹徒據地為王，成立軍隊、游擊隊，政府軍一來就遭到叛軍猛烈攻擊，奈何軍力有限，政府鞭長莫及，於是，抹谷周邊地區始終永無寧日，至今依舊如此……

市場上的寶石品質參差不齊，要當心。

紅寶礦源枯竭，市場上不少農民也加入販售寶石的行列。

基本上在礦區挖到的寶石，都寄往歐美收藏家手中，在礦區難尋品質優良的紅寶

　　路途雖然凶險，但抹谷卻猶如世外桃源一般，你確實能感受到它確實是一座純樸而美麗的小城。當地雖不乏因販賣紅寶石而致富的人家，但來到這裡卻很難買到真正具有商業價值的紅寶石。

　　很多人都有「到產地買第一手寶石」的想法，這想法並沒有錯，但你必須建立在一個前提下才能成立：那就是你必須是採買規模夠大、口袋夠深，足以和當地礦主建立長期關係的買家、收藏家或盤商。

　　多數寶石的買賣流通都在一條隱形的管道裡進行，在產地一經挖出的珍貴寶石，礦主通常立刻寄往歐洲或美國，只提供給熟識的廠商與藏家，所以在一般寶石市場、產地攤商上，你根本找不到好東西，即使在抹谷亦復如此。

傳統開採挖空山頭，抹谷水土保持堪憂

至於緬甸紅寶石為什麼奇貨可居？

除了上述原因，也因為礦藏已經不多，十九世紀初到二十世紀中的英國殖民時期，這座礦區被英國人據為己有，紅寶石多半被大批送往英國或歐洲市場，搜刮殆盡；再者，工業級別的寶石才是礦石的大宗，大顆寶石級別的礦石始終極罕見。

在寶石級別中還可再分為：一般級、商用級、收藏級和頂級。而有燒／無燒的紅寶價差更大。我們一般郵購目錄裡看到的寶石，多半屬於商用級寶石，每個大約一到兩克拉，通常同款可以賣一百多顆。換句話說，如果是收藏級的寶石，那來的一百多顆供市場銷售？

再者，收藏級的寶石本就稀少，以抹谷來說，現在要找到一顆超過 3 克拉以上，所謂的鴿血紅寶石幾乎已是不可能的事。在產地，我只能見到小小一片，可以拿來當作礦物標本的紅寶石。

不過，比起礦藏，當地更大的隱憂恐怕是水土保持。

親自體驗在河裡淘洗、挑選出寶石的過程。

　　抹谷當地的開採規模很大，礦坑可以挖到幾百米深，但開採方式卻非常傳統。走在當地路上，常常可以聽到「砰！砰！砰！」的爆炸聲，礦主還是習慣以炸藥來開山，所以當地有種說法是：「緬甸如果來個地震就完蛋了，因為大部分的山幾乎都被掏空了。」

　　俗話說「君子愛財，取之有道。」我認為在這個世代，我們這一輩人更該思考的「有道」不該只是商場上、人際上的道理，還應該是對於環境、資源的部份。很多人在遭逢自然災害發生時總會安慰自己：「天地無情」，但歸根究柢，我們人類又何曾對天地有情呢？

抹谷礦區的寶石，
其珍貴源於「人命」

抹谷地區何時開始開採紅寶石已無從可考，但該地區曾經出土了史前工具，則是事實。根據早期的文獻紀錄顯示，緬甸國王於 1597 年下令保護抹谷礦區，使其免於遭受當地撣族統治。由於在此開採礦物十分艱苦，因此直到 1780 年時，緬甸皇室這才不得不使用奴隸來補充當地人手，所以此區出產的寶石，更加彌足珍貴。5 克拉以上的紅寶石，在幾年前價值約為數百萬；近年價格快速攀升，2012 年香港佳士得拍賣會，一顆 6.06 克拉枕形緬甸天然鴿血紅紅寶石戒，以 2586 萬港幣的高價拍出。

緬甸無燒鴿血紅紅寶戒，5.14 克拉。

珠寶
達人

李承倫「前往緬甸，藍寶礦區實況直擊。」影音連結，請上 https://www.youtube.com/watch?v=Xod3O-N5fSA

08

斯里蘭卡礦區遇大雨常有水患，無法開採，礦工人身安全也堪憂。

SRI LANKA

學會珍惜～斯里蘭卡收藏家之旅

身為收藏家，坐在精品櫥窗前挑三揀四是很正常的事，但這無法讓人成為專家。2016 年，我帶著一群收藏家前往斯里蘭卡礦區，在當地飽受震撼教育後，相信他們都從中學到了寶石業真正的知識。

「李總，平常聽你講，總覺得不過癮，帶我們去趟礦區見識見識吧！」

今年年初，幾位收藏家好友們一時興起，要我帶著大夥兒到礦區瞧瞧。在眾人盛情難卻的邀請下，我決定帶大家到東南亞的寶石大國斯里蘭卡去瞧瞧。

斯里蘭卡是靠近印度的一個小島國，硬體建設非常落後，過去曾長期陷入動亂，礦區治安堪慮，近年因叛軍領袖遭到政府軍擊斃，整個國家才恢復秩序，但高速公路仍然延至 2015 年才蓋好，而且只有一小段；而當地許多「飯店」看起來也只是路邊的破舊房屋。

然而以礦藏來說，斯里蘭卡的拉那普拉市（Ratnapura, 字面意思即為寶石市）出產金綠貓眼、藍寶石、藍寶星石、紅寶星石、尖晶石、海水藍寶石、鋯石、石榴石、月光

在雨季來臨時，高漲的河水將地底的寶石沖刷入河中，當地礦工把握此刻，潛入水中以麻布袋打撈淘礦，常有被沖走的危險。

石等貴重的寶石，可是深深吸引寶石迷不斷朝聖的寶地呢！

恭逢其盛，二十五年來的最大水患

為了避開六到九月的雨季，礦區無法挖礦，看不到寶石，我們決定選在五月中下旬出發。然而計畫總趕不上變化，雖說避開雨季，但卻躲不掉臨時出現的大雨成災。我們正好「恭逢其盛」，遇到了該國五月下旬連續三天世紀大暴雨：斯里蘭卡二十五年來最嚴重的水患！

「天哪，雨這麼大，房子要塌了吧？！」

「車子不要再後退，要滑掉了！！」

旅程中，我們曾經下榻拉那普拉市郊山坡上的飯店，因為暴雨下個不停，大家開始擔心起來；然而更可怕的是，我們開車走山路，每次車子只要一卡住就必須先後退再起步，坐在車上感覺輪胎幾乎都要失去抓地力。

就這樣撐到飯店，隔天，我們必須再前往下一個城市，只是才離開拉那普拉沒多久，就看到當地新聞報導說，我們住的那間飯店「滑走了」，一整片山坡都被土石流淹沒，就差一天啊！！聽到這邊，眾人當場都驚呼連連，頻說好險……

想起旅程的最後一天，因為時間還早，經過眾人表決，大夥兒很開心地準備出發到可倫坡的百貨公司去逛逛。不過最後我們哪裡也沒去，連晚餐差點兒都沒吃，因為大雨成災的程度遠超過想像，整座城市幾乎都已泡在水裡，車子走在路上就像是開在河裡一樣，我們幾乎花了一整天的時間在開車，原本預計二個多小時的車程，最後竟開了十一個小時才到，甚至差點趕不上飛機！

買不到本地貨，目睹寶石業的壟斷奇觀

其實此行令人感慨的還不只是水患。

在拉那普拉，市集上的寶石都是從泰國、緬甸、非洲等地進口的貨色，大家覺得奇怪，當地既是國家的寶石重鎮，全斯里蘭卡的寶石工廠、商人和礦主都來此交易，但為何在市集上買不到本地寶石？！

於是，我帶著所有團員到礦主家去挑選寶石，可是在那裡看到的寶石不但小，而且也多半來自外地。團員們非常不甘心，認為大老遠跑了這一趟，怎麼可以一無所獲！所以大家決定，就算到了機場，即便時間很緊迫，還是要衝去寶石店看看。

「機場的寶石店是國家的門面呢，一定有他們自己的貨！」某個團員信誓旦旦地說著，大家也深信不疑。

「這裡有賣沒燒過的藍寶石嗎？」

「店裡面你們看到的，這些都是燒過的藍寶石。」

「那到底有沒有『沒燒過』的寶石？」

「有的。」

在團員追問下，店員終於拿出一個箱子，裡面放了五顆藍寶石，幾經挑選，我們選了一顆 3 克拉的寶石，接著議價。對方原本說四萬九千美金，我覺得不合理，雙方開始討價還價，最後竟以一萬四千美元成交！由此可知當地寶石價格浮動之離譜，這可是一個在斯里蘭卡有著十二家分店的連鎖品牌呢，更誇張的是，最後我要

求店員出示寶石證書，證書打開一看，產地竟是「馬達加斯加」！

當下二十五位團員全都看傻了眼，竟然連機場都賣來自非洲的寶石，這個國家確實有如坊間傳言一般，礦藏幾乎被國際買家壟斷，公開市場上已經沒有自己的東西可以販售了。

先懂得欣賞，才有機會成為行家

只是雖說遇到水患，又無法在當地買到完美無瑕的寶石，這趟旅程看似很掃興，但團員們返國後卻總說學到很多。

首先，大家感受到「收藏珠寶是種機遇」。

很多收藏家都對寶石存有一些幻想，比如一定要買到「沒燒的」、「五克拉的」、「皇家藍的」寶石，如今大家親自去了趟礦區，才知道很難買到「我想要的寶石」。而挖出什麼就是什麼，就算逼死礦工也無法變出大家心中的夢幻寶石，從挖礦、淘選到加工製造，寶石生產的流程本身就充滿困難，這說明了寶石是上天的禮物，不可能像點菜一樣，想吃什麼就點什麼。

同時，大家學到專業收藏家本該持有的態度：欣賞寶石本來的樣子。

我是個擁有近三十年寶石業經驗的收藏家，我認為寶石有內含物、瑕疵是正常的，我欣賞它的美，也不嫌棄它的瑕疵，因為瑕疵也是寶石的一部份，甚至，那些內含物正足以說明寶石來自哪個產地和如何形成，那才是它獨一無二的特質。

可是大部分的藏家總是挑三揀四，嫌棄寶石不夠完美，我覺得抱持這種態度就無法成為一個真正專業的藏家，因為這世上根本沒有碩大且完美無瑕的寶石，這種寶石若非合成，就是燒過、加工過的。

每顆寶石來到身邊都是一種緣分，懂得珍惜緣份，才能悠遊在收藏的世界裡得到快樂；這就像是生命中出現的每一件人、事、物一樣，這都是緣份，你若只顧百般挑剔，就很難感受到人生的甜美！

頂級收藏「巨大斯里蘭卡藍寶石」

尤其在現今逾 9 5% 的藍寶石都經過加工處理，以改善
其外觀和淨度的世態下；能超過 2 0 克拉全天然的斯里
蘭卡藍寶石可謂鳳毛麟角。作者私藏的這顆１０１.８８
克拉的斯里蘭卡天然無燒藍寶石，是自４００克拉藍寶
石原石鑿刻切割而得，且完全天然無燒，相當難得。

斯里蘭卡天然無燒藍寶石，101.88 克拉 GRS。

星光！寶石界稀有的珍寶

「星光」是寶石裡的一種特殊現象，在寶石界屬稀有珍
藏品，許多種寶石都可能因星光成為現象寶石，但光影
的游移間，能否擁有「直、細、亮、中、活」這些特性，
是現象寶石選購的一大竅門！其晶體紋路排列整齊，且
角度相同，在燈光的照射下，所有晶體紋路就會在相同
點反光，產生三組不同方向平行排列的纖維組織，在光
線直照下自然分散成 120 度的六條星芒，則稱之為「星
石」。

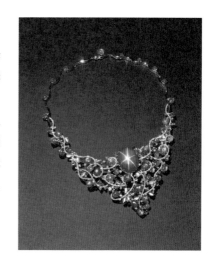

斯里蘭卡天然無燒星光藍寶套鍊，116.88 克拉 GRS。

珠寶
達人

李承倫「探索寶石的國度·斯里蘭卡礦區」了解更多，
影音連接請上：http://www.youtube.com/watch?v=LIK_PlAdnRY

09

印尼開採鑽石是以強力水柱去沖刷表土。

INDONESIA

跟著馬可波羅走，
我在印尼發現鑽石了

讀旅遊書入迷到立刻出發，瘋狂嗎？

只憑古書上的隻字片語，就飛往異國找尋寶石，這才是真瘋狂吧！

別笑別笑，其實走一趟印尼，證明古書誠不欺我。

很多人都以為我每到一個礦區前，必做足準備或是得到礦主的邀請後才出發，這固然不能說全錯，但也不完全都對，因為我偶爾也會單憑一股衝動就成行！好比某一次是我在閱讀時看到馬可波羅曾在元朝東來亞洲，並在印尼發現鑽石的文字記載，這段描述頓時在我心裡點了一把火！要知道，在我看到那段描述的時候，我心裡想的是國內外的寶石書或網路上能找到的資料裡，根本沒有印尼產鑽石的說法。

當下，我突然非常想親自去證實這段歷史記載的真假，於是，我立刻排除所有瑣事，直奔印尼首都雅加達……

遊記與寶石學相違？直奔現場找真相

當我到了雅加達，我開始到處打聽，也問了很多寶石同業，大家給的答案總是千篇一律：「我們沒有產鑽石。」

隱藏在山林中，以竹子搭成的簡陋採礦機具

直到我遇到小陳。

「你要找鑽石？我在加里曼丹森林伐木時曾看過有人在挖礦，他們說那是鑽石，但是我沒親眼看到。」小陳是個在印尼發展多年的台灣人，他的答案雖不確定，卻好比是汪洋中的一塊浮板。而就在我的請求下，他願意帶我前往加里曼丹看看。

其實，我這種隨機詢問當地人，請人幫忙的做法並不安全，即便像我這樣具備很多尋寶經驗的人，依舊可能身陷險境，在此奉勸各位讀者可別貿然地依樣畫葫蘆（大叔我可是有練過）。

加里曼丹，就是所謂的「婆羅洲島」，是個到處都是雨林的城市。

很幸運地，有很多華人在加里曼丹採鑽石的地區，雖然幾乎不會說華語，可是仍會說世代相傳的母語，他們說的是客家話，正巧我就是客家人，所以我算是遇上老鄉了，換句話說，我當時幾乎是全程使用客家話與他們交易。

但是，除了語言能溝通，其他事情可就是一點也不輕鬆了。

到了採礦地點，一眼就看到的簡陋工寮與比鄰的挖礦地點

裹著泥濘的世界，彩鑽之都無人知曉

「小陳，這裡沒有更好的房間嗎？我屋裡有蟑螂和老鼠！」

「小陳，這裡有乾淨一點的水嗎？我昨天拉了一整天的肚子。」

因為政府禁止私人採礦，當地的礦主們都是偷採，政府當然也不會在這裡造橋鋪路，興建基礎建設，所以礦區物質條件極差，附近只有簡陋的村落，道路窄到只能騎摩托車通行，前往礦區還得換搭小船來渡河。而最糟的是飲水和食物很髒，每次吃飯總有一大群趕不走的蒼蠅跟著分食；睡得也不安穩，因為房間裡總有蟑螂和老鼠流竄，讓我經常不敢摸黑下床。但是無論我怎麼向小陳求救，他也幫不上忙，因為這裡的礦工過得比我們還差……

再者雖名為偷挖，但因礦區面積有足足十個足球場那麼大，所以也算是一個公開的秘密了，當地人還是使用很原始的方式開採，礦工直接往地下挖，讓地面上留

下很多大洞，加上熱帶地區經常下暴雨，讓這些礦坑轉眼間變成一個個池塘。

　　此外不只礦坑積水，就連工寮也積水。當地人為了生活上能自給自足，他們在工寮裡養豬，一陣暴雨可以迅速讓水淹到膝蓋，可想而知豬圈裡的什麼東西都會被水沖刷出來！所以，當地的人、動物和景物總是裹上一層黑糊糊的爛泥，上述種種若非親身經歷，實在很難想像。

　　而在此地買鑽石，也像在某些中南美洲一樣，我被領著進入不起眼的雜貨店，走向店內深處的小房間，只見店主拿出一包包的錫箔紙，小心翼翼地打開，那情景活像是毒品交易。當然，裡面裝的其實是一顆顆的鑽石。

　　有趣的是，由於我是上海鑽石交易所的會員，當我告訴其他會員說我實地走訪了一遭，發現印尼確實生產鑽石後，他們根本完全不相信，頻頻表示「書上根本沒寫……」，而當我出示礦區和鑽石的相片後，他們更是訝異到不行，甚至有人還說：「李總，你下回若再去，也幫我帶點鑽石出來吧！」

　　經過這一趟，我深信研究寶石的同時，必然也要研究一點歷史，博物館和教科書上的記載也不見得都是對的。

　　讀萬卷書是必要的，但若要得到真正的視野，還必須行萬里路。當然，想要證實答案的那股衝勁與勇氣，更需要的是知識，以免行萬里路到頭來只能算是個辛苦的郵差！

挑選原礦

鑽石原礦

切磨拋光

切磨完成

永恆的璀璨 ─ 鑽石

數億年的等待，結晶而成浩宇中永恆的存在。鑽石是永恆誓約的保證，也是世人爭相追逐的夢。原礦在師傅手中被標記（marking）、分割（dividing）、成型（shaping）和拋磨（polishing），歷經一個完整的切磨加工過程，賦予一個全新而璀璨的生命。

珠寶
達人

李承倫「前進印尼礦區，挖掘鑽石實況記錄。」了解更多，
影音連接請上：http://www.youtube.com/watch?v=l66SKNcL1ls

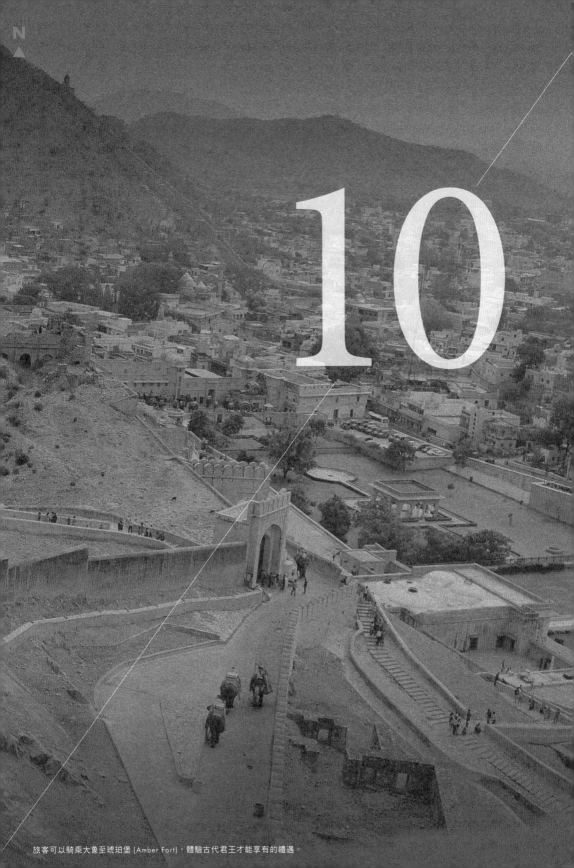

10

旅客可以騎乘大象至琥珀堡 (Amber Fort)，體驗古代君王才能享有的禮遇。

INDIA

舊貨堆裡淘珍寶～
印度老城的驚喜之旅

這個凡事都能問佑狗大神的世代裡，大家還相信「書中自有黃金屋」，
這句話嗎？總之我是信了。靠著勤於閱讀各類文獻累積的知識，總能
買到物超所值的好東西，比如在印度，舊貨攤上竟也能讓我淘到寶。

　　造訪印度已不下數次，但我始終忘不了第一次來印度時所發生的種種意外。

　　第一次到印度，我的目的地是粉紅之城齋浦爾（Jaipur）。十九世紀末期，當
時的總督為了迎接後來成為英王愛德華七世的威爾斯王子，於是下令將城裡的房子
屋頂全數漆成接近磚紅的顏色，所以每到夕陽時分，整座城市因此顯得如夢似幻，
所以被稱為「粉紅之城」。

　　這座城市是知名的觀光重鎮，除了粉紅色的屋頂，城郊山上還有印度古代君王
的都城琥珀堡（Amber Fort），大家可以去那裡騎大象，體驗古代藩王才能享有的
禮遇。但對我來說，齋浦爾真正的特色在於，它是個歷史悠久的寶石重鎮，一般外
地遊客或許不曉得，但印度人或多或少都知道，這裡很多人家世世代代都在叢是寶
石相關行業。

　　「祖母綠最好的切工就在齋浦爾」當初，我就是被古書上的這句話給吸引，我

很好奇，全世界最好的祖母綠明明產在哥倫比亞，但為何最好的切工竟是離中南美洲非常遙遠的齋浦爾？

為了解答疑惑，我不只想一探究竟，還帶著老婆、孩子一起前往觀光。我覺得在這麼充滿異國風情的地方，全家若一起出遊肯定可以留下難忘的回憶。

粉紅之城齋浦爾（Jaipur）。

兩個世界：貧民比牛賤，富人住皇宮

「寶貝，你千萬千萬不要買路邊的東西來吃喔，一口都不行。」

「爸，可是我口好渴……」

三個孩子裡，大兒子「大寶」忍不住買了路邊攤的冰來吃，這一吃，整趟旅程全都亂了：因為他沿途都在拉肚子。可憐的大寶，不但吃了當地醫師開的藥沒有好轉，回台灣後還繼續拉肚子，之後再就醫，醫生也查不出病因，只能說：「看不出腸胃有什麼毛病。」也或許是那一年長時間的習慣性腹瀉，影響了身體吸收營養的能力，大寶後來一直長不壯，個頭雖很高，但兩條腿卻總是骨瘦如柴。

至於為什麼路邊攤吃不得？我認為主因還是印度的飲用水實在太髒，當地人會

印度食物以眾多香料取勝，但衛生條件要留意，大兒子這趟旅行之後，連續拉肚子了一個月。

在河裡做任何事，比如洗菜、洗衣、釣魚，甚至把髒東西扔進水裡，包括屍體！若你看過河邊發生的事，我想任誰也不敢亂喝當地的水。

而除了大寶拉肚子這件事有點掃興之外，第一次去印度也讓我們遭遇了不少文

化衝擊，比如塞車。

印度交通之可怕，是我們很難想像的。我的印度朋友說，他家離公司距離約半小時車程，但一塞車就要兩個小時，而且「天天塞車」。

有一次，連朋友請吃飯，說是十五分鐘的車程，結果，花了一個小時還到不了。

在印度，塞車經常不是因為車太多，而是因為大家在等馬路上的牛隻上完大號。在印度，牛是聖獸，大家必須禮讓牠，看到牛在馬路上閒晃或停下來上大號，我們既不能罵牠趕牠，也不能按喇叭驚擾牠，當地人自是習慣地停下來等待，但對我來說，這真是太有趣的奇觀了，畢竟時間絕非他們最重視的事。

再者，因為帶著全家人一起來玩，所以必須住得舒適點，出發前也已訂好飯店，只是到了當地這才發現那是以前的皇宮，近幾年才開始租給國際集團當飯店使用。因此不只內部裝潢極盡奢華，佔地遼闊，我們那幾天簡直過的就像是皇室貴族一般，剛剛抵達飯店門口，就有人撐起紅色大傘迎接我們進門，還為我們掛上花圈，甚至還配有專屬的傭人打理入住期間的所有需求。

比起一般國際城市五星級飯店的消費水準，住在這個舊日的皇宮裡並不算貴，稱得上 CP 值極高的行程。然而一走出飯店門口，旁邊不遠處就是貧民區，路上有小豬在亂跑，很多孤兒、流浪漢趴在地上乞討，那種隔了幾步就從天堂來到地獄的感覺，真的很震慽！

來到印度火車站，月台同樣擠滿了行乞的人，或住或臥，看著令人心酸。但朋友提醒，千萬不能給錢，給一個，就會有一群人圍衝而至，讓自己置身險境。

無人知曉的稀世珍寶，得來全不費工夫

這一趟雖然行程被打亂，但也讓我找到了大感意外的稀世珍寶！

原本在當地遍尋不著令我想買的寶石，直到有一天，我走進一間看起來有點破舊的飾品舖子，竟然發現了一對鑲著藍寶石的耳環。

琥珀宮為蒙兀兒王朝首位國王於西元 1592 年所興建，曾為古印度的首都

「老闆，這上面的藍寶石是打哪來的？」

「不知道，就是一般的藍寶石吧。」

「這對耳環是從哪裡來的？」

「不知道，很久以前就放在店裡了。」

老闆一問三不知，看著那對耳環，我的思緒轉得飛快。寶石的台子是一、兩百年前的款式，鑲工也是一、兩百年前的技術；旁邊的配鎖磨損得很嚴重，雖然看不清楚，但依稀能辨識切工是三百多年前荷蘭盛行的方式。打磨的時間和鑲嵌時間不一致這是常態，要知道，寶石並不是磨好了就可以立刻鑲嵌，我們現在看到鑲嵌完成的鑽石可能是十年前已經磨好的，畢竟古代科技和交通不發達，一百年前鑲的鑽石，的確很可能是兩、三百年前磨好的。

「兩、三百年前？」

「喀什米爾的藍寶石不就是在 1870 年代發現的？齋浦爾距離喀什米爾才幾百公里而已！」我聽到這裡心中暗自激動著，喀什米爾的藍寶石可是極其昂貴的珍寶，目前在業界可是動輒百萬、千萬起跳的價格！雖然已推想到它可能的來歷，卻也不是非買到喀什米爾藍寶石不可。這對耳環上的藍寶石因為很美，所以就算來歷尋常，我還是會買下。

幸運的是，回台灣後由我們自己 EGL 鑑定的結果，耳環上正是傳說中的喀什米爾藍寶石，再送到瑞士的權威機構鑑定，也的確沒錯，寶石的台子誠如我所推敲，的確是個古董台。

這也說明了古書記載不是空穴來風，兩、三百年前，東、西方的物質文明交流已遠超過我們的想像，喀什米爾產的寶石被送往印度打磨，經過一百多年後再鑲嵌，最後落腳於齋浦爾，如果沒有平時勤讀各種寶石文獻、沒有看遍寶石在各種製程的樣子，料想我也沒有這等慧眼能夠發現珍寶了。

正所謂天道酬勤，書中自有黃金屋，誠斯然也。

十九世紀的喀什米爾藍寶耳環，1.20 克拉
與 1.10 克拉。(A PAIR OF 18 KARAT YELLOW
GOLD, KASHMIR SAPPHIRE AND DIAMOND
ANTIQUE EARRINGS, 19 CENTURY)

古董彩寶大象

在中國，象代表的是太平有象，意指太平盛世；而在其它的亞洲國家，大象更是威風的傳統象徵，
特別在印度。遠從印度莫臥兒王朝到清萊時代，大象就已是國王、王室成員和貴族們的遊行或
代步工具。用彩色頭飾和鞍褥裝飾使坐騎看起來貴氣十足，包括用黃金裝飾象牙，在象腳上鑲
嵌寶石，主人通常就坐在絲墊上以及帶有金色的雨傘或轎中，這就是對古老印度皇室的象徵。
此件百年象尊珍寶來自十六世紀的蒙兀兒王朝，象身佈滿天然無處理紅寶、藍寶、金綠玉貓眼
及祖母綠寶石的印度國寶，原為皇室貴族的舊藏，是作者自國際拍賣會中拍得的私人收藏，非
常珍貴。

**珠寶
達人**

李承倫「參觀印度鑽
石切磨場」了解更
多，影音連接請上：
www.youtube.com/
watch?v=JeXIjAEjICg

五百年前鑲嵌著天然無燒紅寶、藍寶、藍寶星
石、金綠玉貓眼和其他寶石的古董象。

11

活在歷史動盪下的聚會的，也就成為世界文化的匯集處，在這座有著四千年歷史的雅法古城（Jaffa）能窺知一二，也見證了以色列人代代傳承禱告，世代留傳。

ISRAEL

「一言為定」的力量～
我在以色列看到誠信

走遍全世界，我認為沒有任何一個民族比猶太人更重視承諾！
他們言出必行，也不給任何食言的人機會，你覺得他們不近情理嗎？
但我寧可相信猶太人就是因此才會稱霸全球商界。

「mazal」是猶太人很重視的一個詞，特別是猶太商人，這個名詞的意思等同於「成交，祝你好運」或「Business is done.」；任何生意、買賣結束，不論是買房子、車子、鑽石，只要猶太人說出這句話，那就代表他決定要把東西賣給你，而且絕不食言。

當你決定要買他的東西，而他也說了「mazal」，這代表的就是不需要蓋印章、開支票或簽名，他會幫你留住那件東西；就算你表明「要等到 XX 時才能付款」，就算後面有人願意付更高的價錢買下，他也不會轉賣他人，那個東西就是你的。你不用開支票或期票，他們會等到你付錢為止。

換句話說，「mazel」代表的正是一份信用，表示他們說到做到。

「mazel」，就代表所有的信用，他們說到做到

「mazal」重如泰山，說出口便守約到底

如果有人說了「mazal」，承諾要買，最後卻始終沒有付錢，猶太人必然會記住你，再也不跟你做生意，而且還會告訴所有他認識的猶太人：「此人背信。」那麼，你從此就會成為猶太社群的「拒絕往來戶」，這輩子別想再和猶太人做生意。

我就曾經在以色列親身看到「mazal」的威力。

當時，我的朋友 D，想和猶太人 Aaron 合作買下一顆鑽石，那是 2.35 克拉的「Fancy vivi blue 級」藍鑽，是非常高單價的鑽石，1 克拉是千萬新台幣，所以這顆鑽石總價超過了一億，D 和 Aaron 一人一半，如果要賣出，必須經過他們兩人的同意。

後來 D 在商業場合上遇到另一個猶太商人 Jacob，他知道 D 擁有那顆很美的藍鑽，想直接向 D 詢價，表明想買下的意願，遇到這麼乾脆的客戶，D 很開心，立刻答應他。

D 當然沒忘記寶石還有另一個主人，但他以為自己一定可以說服 Aaron，畢竟「這麼高價的鑽石如此快就賣掉，雖然利潤不算太高，但誰不想賣？」

可是 D 錯了。

「D，我不同意賣。」

「如果對方拿不出一億六千萬，我是不賣的！」

Aaron 非常堅持，D 實在說服

哈希德派（Hasidic Judaism）是超正統猶太人，他們的男人都穿黑色長大衣、長風衣，戴黑禮帽，即使夏天也如此。無論是戴小黑帽的猶太人，或是更嚴格教派的猶太人都在鑽石產業佔重要地位。

以色列鑽石加工中心

不了他，只好回過頭去問 Jacob 願意出價一億六千萬嗎？當然，他的答案是不願意，D 也覺得真是太可惜了，好好的一樁生意就這麼沒了！原以為生意告吹，這件事就打住了，沒想到 D 根本是吃不完兜著走。

差點吃官司，猶太人教會我何謂「誠信」

後來，Jacob 竟到以色列鑽石交易所控告 D 背信！D 聽到消息時非常震憾，而且大惑不解，「賣他東西還要被告，為什麼？」D 認為他們之間沒有簽約，沒有任何商業文書來約定這樁交易；對方也沒有給他錢，但卻可以告他？！

不管 D 的理由是什麼，Jacob 認為 D 已經說了「mazal」，那就是承諾了。D 當時非常惶恐，根本不知道如何研究當地商業法律；要是讓對方告成了，未來大概也無法在寶石圈生存了。

Moshe Schnitzer 紀念牆，用來紀念以色列的鑽石工業之父。　　以色列不僅是世界數一數二的鑽石交易中心外，更是重要的
加工地。

幸好鑽交所介入調查後，得知這顆藍鑽的所有權是一人一半，雖然 D 個人已經同意要賣給 Jacob，但他當時也有告知，還需要另一位夥伴的同意才行，如今因為 Aaron 不同意，D 的確沒辦法履行承諾。

這代表什麼呢？代表今天若鑽石是 D 一個人的，Jacob 就告得成，就算只是一個口頭承諾，只要 D 反悔不賣他，「背信罪」就很可能會成立，因為 D 已經講 mazal 了。

這一次，我從 D 的故事中，上了一堂有關「誠信」的課。我認為猶太商人可以控制全世界，就是因為他們秉持「一言九鼎」的態度，用一種不給自己後路的決心來信守承諾，談一樁生意，台灣人或是其它民族的商人態度上總帶著幾分曖昧，可能會說：「這樣好不好，等我有錢再買。」

「那不然我先付你一半，另外一半我明年再付。」

「我找幾個人來買。」

但是猶太人絕對不會這樣做，要就是要了，不然就別買別賣。即便是小小一塊石頭，價值只有一萬美金的生意，他們還是秉持這個原則。

對他們來說，信用是一切，比生命還重要，所以他們會成功。以色列很晚才建國，過去數百年來，猶太人一直在流亡，他們無法買土地，只好買鑽石，直到現在，全世界的鑽石還是控制在以色列人手上，幾個珠寶區的大品牌，老闆都是猶太人，雖然以色列不產鑽石。

信用的力量有多大？就看商界流傳的這句話：「猶太人控制華爾街，華爾街控制全美國，美國控制全世界。」你就知道了！

拍賣會天王～藍色鑽石

根據曾經館藏世界三大藍鑽（Hope、Blue Heart 及 Wittelsbach-Gra）的史密森尼博物館（The Smithsonian Institute）的統計，發現藍色彩鑽的機率僅二十萬分之一，意即每二十萬顆鑽石中才有一顆藍鑽。

在南非 Premier 礦場出產的礦石，1 克拉以上等級好的藍鑽每年平均只有一顆，全球年產量也不超過二十顆，由此可見藍鑽的珍貴，也能想見其地位在拍賣會上會是多麼不凡，更別說是大克拉藍鑽了。

全美藍彩鑽裸石鑽石戒，主石 10.02 克拉。（18 KARAT WHITE GOLD, VERY RARE FANCY LIGHT BLUE DIAMOND AND DIAMOND RING）本圖片由珍藏逸品拍賣會提供

近十年，所有國際拍賣會唯一有紀錄且超過 10 克拉的，就只有曾為西班牙公主陪嫁品，名為「藍色維特斯巴士」的藍彩鑽，這顆 35.56 克拉的 Deep Blue，於 2008 年底在倫敦佳士得拍賣會以新台幣八億元的高價成交。近年藍鑽、粉鑽都已成為投資熱門的標的。

珠寶達人

李承倫「女人要有錢╳Gem Hunter＿彩鑽篇」了解更多，影音連接請上：http://www.youtube.com/watch?v=knOtVR4nwBw

12

泰國是全球彩寶加工規模最大的國家，切磨高手雲集。

最充實的親子夏令營～
泰國磨寶石

台灣的孩子放長假不是補習，就是跟團去旅遊；我們家的孩子和我一樣，喜歡不一樣的渡假方式。大兒子想學寶石加工，我就讓他去學磨寶石，去吃苦、住工廠，生活起居都跟工人一起。這算是虐待他嗎？他可是覺得超有成就感呢！

　　我的孩子從小就習慣看我沉浸在石頭的世界裡，而我也不吝於和他們分享心中的寶石世界，時間一久，孩子們也開始躍躍欲試……。

　　大兒子從小學的是音樂，但看我經營寶石生意，他也表現得很有興趣，經常主動問我許多相關問題。喜歡石頭的他，國小就有能力鑑定石頭了，但他卻不因此而覺得滿足。

　　還記得他在念國小的時候就告訴我：「爸爸，我很想學磨寶石的技術。」但是因為當時他還太小，我擔心「需要全神貫注、集中精神，也需要腦和手協調度很高」的磨寶石工作對他來說太危險，更怕他的手會因此受傷，

珠寶加工中的「磨盤」，早期是以人力轉動，現都已改用電力。

所以並未答應他。直到他升上國中一年級，我覺得是送他去「圓夢」的好時機了，也正好可以藉此讓他培養獨立生活的能力，於是暑假一到，我就送大兒子到泰國去學習寶石加工技術。

世界級加工重鎮，切磨寶石高手雲集

雖說台灣寶石加工技術也很厲害，但多半以磨質地較一般的寶石為主（例如水晶），而泰國則是現在全世界彩色寶石加工規模最大的國家。而泰國雖是紅寶石、藍寶石的產地，但寶石質量卻未因此超越緬甸。反而是直到緬甸赤化後，很多當地磨寶石、加工寶石的廠商、工人、師父等都逃到泰國落地生根後，方才讓泰國漸漸成為全球彩色寶石加工和交易的重鎮。

從礦區買回來的石頭，我也都會請師傅重新磨過，多年來也和泰國一些切磨寶石的大廠建立了穩固的合作關係。為了讓大兒子能夠順利前往泰國學習寶石加工，我問其中一個大廠的老闆拉差（化名），是否願意讓孩子去學習。

「為什麼你是送孩子來，不是送師傅來？」

「我想要磨練他，也想讓他知道這一行有多麼不容易。」

「哈，送師傅來不行，不能讓你們學走我們的技術，但是送孩子來可以。」拉差說得直接，看到這麼小的孩子願意到工廠裡學磨寶石，他也覺得很感動，於是一口答應了。大兒子就這樣動身前往曼谷，我們夫婦倆把他送到工廠後就離開，留下他自己跟工廠裡的師傅一起生活、吃飯、一起住在工寮裡；他每天花很多時間學習磨寶石的技術，也要學習和師傅們溝通。一個月後，兒子告訴我：「爸，我現在真的可以靠自己把寶石磨得閃閃發亮喔！」

「原礦送來的時候，要先把不好的地方切掉，然後磨成型；愈磨愈細，接著拋光，拋光非常耗眼力，要拿著放大鏡一直看……」

「寶石看起來很美，但真是得來不易啊！」聽他滔滔不絕地講著，我也很為他

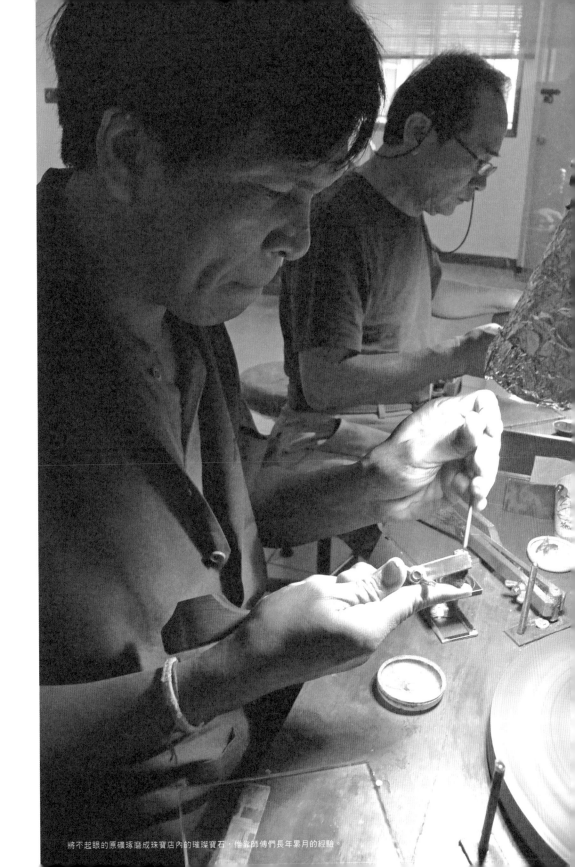

將不起眼的原礦琢磨成珠寶店內的璀璨寶石，仰靠師傅們長年累月的經驗。

今日的泰國已成為寶石加工的重鎮，無論技術或設備都已今非昔比。

高興，除了覺得「很有成就感」，他也和我們分享他的觀察：他說雖然吃和睡的條件都不好，加工寶石的機器也很舊、不好用，可是當地的師傅們都靠著長年累月的經驗，用土法煉鋼的方式來切磨寶石，手藝之精湛，令他好生佩服。

學習吃苦培養真愛，從小體驗行行出狀元

轉眼間，他今年已要升上國三了，先前還問我：「可以再讓我去印度學磨鑽石嗎？」從泰國回來後，他計劃每年撥出一個月的時間去學習寶石加工，希望自己能在幾年後學會完整的寶石加工技術。

其實，美國、以色列經常舉辦各種磨寶石或是金屬加工比賽，在這些賽事裡，會有不少國中、高中生參加，並且得到很好的名次，在國外，大家都認為那是一門技藝。反觀在台灣，磨寶石被認為只是一門「出賣勞力」的行業，我不是指出賣勞力有什麼不對，但磨寶石和金屬加工是一個有高度技術門檻的工作，在台灣卻沒有得到相對該有的尊重。

　　台灣是個資源不多的小島，培養下一代更不能隨波逐流，我不想和一般家長一樣送小孩去補習，逼他們念書，要求他們考試要考高分，畢竟每個人為何都要活成類似的模樣呢？我認為培養一技之長比什麼都重要，每個人天生都擁有一些特質，比如我們家老大，他那副既願吃苦又能耐住性子的韌性，加上對學習寶石加工手藝又深感興趣，這就是他的優勢之一，我何不順勢栽培他？

　　除了培養能力，在磨練技藝的過程中，也能讓孩子培養出一份對這個行業的熱誠，因為他會對這個產業擁有本質的認識。大兒子在加工現場體會過師傅的手藝、工人的辛苦，因此知道珠寶絕對不只是末端銷售那種陳列在美麗玻璃櫃裡的精品，而是運氣加上這一條漫長的生產鏈中，許多人努力而來的成果，他會懂得尊敬這個產業，而「行行出狀元」的道理，我想他也因此完全明白了……。

泰國紅、藍寶石與加熱處理

泰國紅、藍寶石的礦區位於泰柬邊境的尖竹汶地區附近，因為含鐵成分高，顏色較黑，通常會經過熱處理後才在市場上流通，也是目前商業級紅、藍寶石最重要的來源。熱處理的主要目的是提高寶石淨度並藉此得到想要的顏色，而經過加熱的紅、藍寶石，也能夠透過鑑定儀器清楚辨識。

顯微鏡下的泰國紅寶內含物（本圖片由 EGL 台灣實驗室提供）。

珠寶
達人

李承倫「寶石不琢不成器：終日與寶石為伍，金工師年薪逼近百萬！」了解更多，影音連接請上：http://www.youtube.com/watch?v=A6ssn7ininE

13

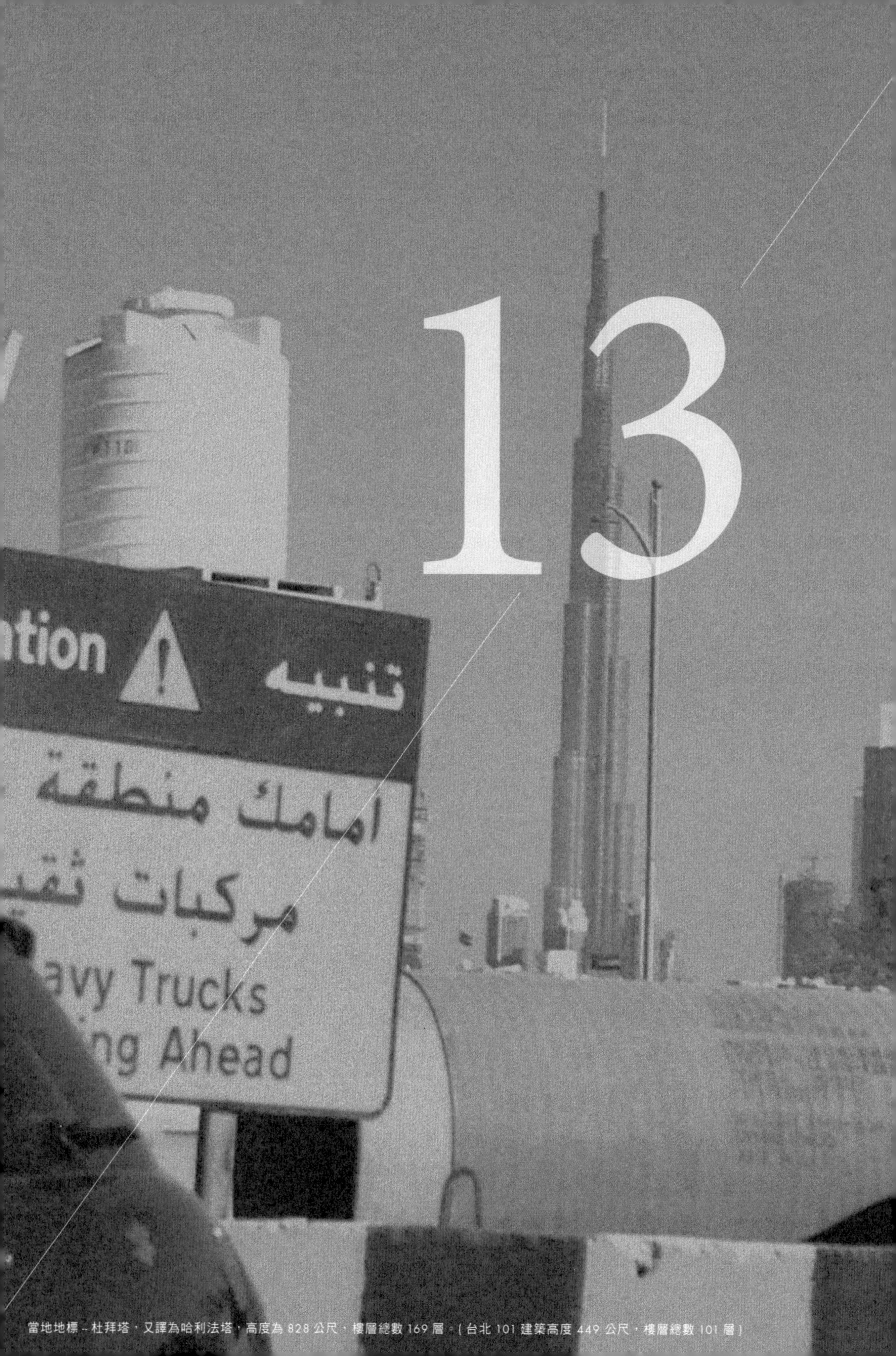

ation ⚠ تنبيه

امامك منطقة

مركبات ثقي

avy Trucks

ng Ahead

DUBAI

驚魂六小時：
我在杜拜嚐到被拘禁的滋味

「有理不一定就能行遍天下」，相信這是很多人的感觸，畢竟這世上多的是不見得有理的遊戲規則。

曾經去了一趟杜拜，本想直奔鑽石交易所，卻萬萬沒想到首站竟是警察局～我和老婆因為犯錯而被拘禁了整整六小時……

只是我們究竟犯了什麼罪？

罪名據說叫做「不懂遊戲規則，運氣差」。

　　在杜拜鑽石交易所剛成立的時候，我和老婆去了趟杜拜看鑽石。

　　通常我們要去鑽石礦區，或是拍賣現場等等需要看鑽石的場合，都會帶一個比色石，以方便比對鑽石顏色。那一次也不例外，我和老婆各帶一顆鑽石在身上，就像平常出國看鑽石的做法一樣，沒想到這卻為我們帶來了大麻煩。

比色石惹禍，走遍世界唯杜拜攔阻

　　要進杜拜海關的時候，盤查的官員問我：「你身上怎會帶著這個鑽石？」

　　「這個鑽石是要用來比顏色用的，我們是來看鑽石的。」

　　「不行！我們國家剛成立鑽石交易所，你是不是要帶來這個國家販售？」

　　無論我怎麼解釋，那位官員就是聽不進去，此情此景活像是他耳朵被築了一道

城牆般，只見他一口咬定：「你帶這顆鑽石就是要來我們國家賣的……」

而更雪上加霜的是，我和老婆身上雖帶著兩本證件：台灣護照和台胞證！但他們不承認台灣卻承認中國，然而不論說自己是台灣人或中國人，「隨身帶著兩本護照卻又說不清自己到底是哪國人」，這在他們眼中就是可疑人物。

杜拜海關人員覺得我們身上帶著鑽石又有兩本護照，加上當時的國際新聞屢屢提到有中國人入境去杜拜偷換鑽石，更是助長了他們的疑心。

「你沒有申報就帶著鑽石進來我們的國家。」

「那我們立刻辦申報，這樣可以嗎？」

「不行！」

當我們被帶到海關的「小房間」裡，又有別的官員再來盤問一次，聽到他說「申報」二字，我當下趕緊表示：「那我們當場補辦吧」，可惜的是他卻還是像上一位官員一樣，只是搖頭說：「不行！不行！」。

其實，就算在公認海關出入都盤查得很仔細的美國，如果旅客身上帶了一兩個鑽石，只要當場補辦申報，表示「這是太太送給我的禮物」，多半都不會有問題，因為海關要的就是旅客用官方文件表態「此物並非作為商業用途」。

總之，我和老婆後來就這樣被帶到警察局「拘禁」了整整六小時！！

一開始，我據理力爭，因為他們不只隔離我們夫婦倆各別問話，甚至還把我的隨身行李全部倒在桌上，接著沒收我的手機和護照。

我義正嚴詞地說：「我拒絕你沒收我的護照和手機！」

「我有手機才可以請求法律支援，你們這樣是不合法的！」

「我是上海和紐約鑽石交易所的會員，我要請他們來幫我，我不是走私也不是偷竊犯，你們為何拘禁我？」

我認為杜拜是個很先進的城市，所以抬出「法治」做為說詞，拒絕他們沒收我的護照和電話，認為這是我的基本人權。再者，有了手機，我才有機會求援，比如請律師到場，我當下甚至還沒真的動用法律，請律師到場，而是想證明自己是「上

杜拜鑽石交易所。

搭乘杜拜捷運時,特別能感受到文化的差異性,當地嚴格禁止男性待在女性車廂中,否則將處以罰緩懲戒,對於外國旅客而言,
此規定相當令人震撼!

海和紐約鑽石交易所的會員」，畢竟既是會員，何苦要走私？

說真的，如果我想走私，怎會這麼傻？若真要賣鑽石，又怎會只賣一顆？甚至大剌剌地直接放在身上過海關？然而在那當下，和杜拜海關人員、警員們說這些都是沒有用的……。

只見三個小時過去了，我和老婆後來又被「湊」在一起問話。她提醒我：「我們換個策略試試好了，硬的行不通，那就態度放軟跟他們好好說吧！」

吃軟不吃硬，潛規則強硬但不明確

於是，我們開始好聲好氣地表態，先道歉然後說：「我們真的不知道貴國有相關規定」，緊接著再次表明「我們是鑽交所會員，身上的鑽石是用來當成比色石，那不是拿來賣的。」

雖然對方話變多了，開始願意和我們討論，多問一些細節，但還是有如壞掉的收音機般一直強調：「你們帶進來就是要賣。」

「比色石可以用假的，你們為何要用真的？」即便我萬分謙卑地說：「假的比色石會有色差，真的鑽石才能精確地比色。」他也不為所動，依舊轉身離去！

接下來，我們又被擱在小房間裡，度過第二個三小時。

那三個小時，我們夫妻倆就在又冷又餓又渴，護照、手機、隨身行李都不在身邊的情況下度過，忍不住想像著「常聽說有人被陷害，

一望無際的沙漠，有如不明確的潛規則般讓人撥不著邊際。

包包裡被放了毒品，那我們會不會也……」或是「真的被關起來，以後怎麼辦……」

直到第六個小時，我們突然被釋放了，對方似乎願意相信我們真的不是來賣鑽石的。也到這時候我們才搞清楚，為何杜拜海關如此難溝通。

原來，當時杜拜好不容易成立鑽交所，加上當時又正逢杜拜成為「影響鑽石合法流通於國際的相關法則」的金伯利認證制度（Kimberley Process）理事長國家，他們覺得要有所表現，運用新制度給大家下馬威，所以要海關不准許外國人攜帶鑽石入境，就連比色石都不行。

一樣的鑽石，一樣的攜帶方式，換了制度就違法還不能溝通，硬是讓我們被迫瞎折騰了一場，古人有云「懷璧其罪」，身懷財寶經常使人惹禍上身，與是否犯法無關，實為至理名言啊！

法律或者制度不是衡量事物的客觀標準，這世上有太多足以影響制度或法律的因素，那或許只是遊戲規則，但卻可能因人設事或因物設事，這樣公平嗎？我無法下定論，只能說是誰訂的規則，就對誰公平囉！

Natural Red Diamonds 紅鑽

Fancy Red 紅色彩鑽，0.51 克拉。

根據 GIA 分級顯示，紅鑽僅「Fancy」等級，如 Fancy Red（純紅色）及 Fancy Purplish Red（帶紫色），不夠紅的則分級為粉紅鑽。

知名鑽石產區 Argyle 阿蓋爾礦區曾統計，自 1983 年開採以來至 2013 年，該產

紅彩鑽鑽石戒 1.09 克拉 Fancy Red GIA

區產出經鑑定為紅鑽的鑽石，只有六顆；而 GIA 文獻也曾估計全球紅鑽數量不超過一百顆。

2016 年 5 月在台北舉行的珍藏逸品國際拍賣會，一顆 Fancy Red 0.51 克拉紅色彩鑽，完美顏色，該拍品約三十五萬美金（約一仟萬台幣）標出；之後，國際藏家紛紛垂詢珍藏逸品，期待有幸再見 Fancy Red 紅彩鑽蹤跡。

14

風之宮 Hawa Mahal，是皇宮的一部分。窗孔除了通風之外，也是讓皇宮的嬪妃透過小窗洞觀賞外面的街景而不被注意到而設計的。

最划算的「紅碧璽」～
孟買舊貨攤尋獲古王朝精品

在珠寶的世界裡，即便只是為了做生意、投資，但是對寶石若沒有金錢報酬以外的感情，都該好好研究寶石，不能只懂行情。

只有做對功課，才能培養正確的眼光，就像我一樣，只用一般碧璽的價格就幸運買到四百年前的王朝珍品。

「Richard，好久不見啦，最近在找什麼寶貝？」

「看一下我的貨吧，最近又來了一些你肯定會感興趣的東西。」

每次見面，亞吉總是親切地招呼我，而我只要來印度孟買尋寶，就一定會找時間和他見上一面。他是個錫克族人，終年戴著又厚又高的頭巾，而他的職業是舊貨商人，顧名思義，他所販售的東西不是精美嶄新的珠寶，而是一些古舊的玻璃或琉璃飾品、瓷器。

我和亞吉並沒有固定的生意往來，不過我很喜歡收集古舊的玩意兒，像是具有兩千多年歷史的玻璃瓶子，當時燒製玻璃的技術還很粗糙，但是距今兩千多年前的歲月痕跡卻

二千年前羅馬時期的古董瓶四件組

JAIPUR 街頭珠寶店。

印度珠寶店找到的寶貝 KASHMIR 藍寶石。

是獨一無二的，而我就愛這一點，因此每到孟買，肯定會到亞吉的攤子去挖寶。

「紅碧璽」深藏不露，風格透露尊貴家世

幾年前，當我照例又前去光顧時，他突然拿出一個很大的「紅碧璽」，我幾乎從未在他的攤子上看到這麼大件的寶石。

「你很少看到這麼大顆的紅碧璽吧！」

「確實很少見，但這真的是紅碧璽嗎？」

「是吧，我看這顏色就是紅碧璽沒錯啊……。」

乍看之下它的確很像紅碧璽，碧璽是這一百多年來才被發現的東西，但是細看這顆寶石上「被從頭到尾穿了一個洞」的處理方式，則並非事這一、兩百年內裝飾寶石的風格。但是因為亞吉並不懂這些事情，只是一直強調這就是碧璽，最後，他乾脆把它當成是碧璽原礦賣給了我。

其實，當我第一眼看到那顆寶石，我就知道那不會是碧璽，反而是聯想到十六世紀蒙兀兒帝國統治中亞時，君王把全世界最美的東西都據為己有，戴在脖子上的

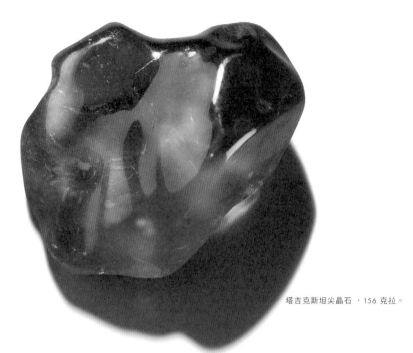

塔吉克斯坦尖晶石 ，156 克拉。

景象。因為早在十六世紀時，世上尚未發展出鑲嵌技術，王公貴族想把寶石戴在身上，唯一的辦法就是把寶石打洞，連鑽石都給這麼打洞，以現在的眼光來想，肯定是慘叫連連，畢竟下這樣的重手處理，簡直就是破壞寶石，但可惜的是，當時的人們多半就是這麼做……。

之後，我將這塊寶石帶回台灣，先研究折射率，發現它的折射率有 1.71 ～ 1.72，但碧璽的折射率通常落在 1.62 ～ 1.64 左右，果然如我所料，這顆寶石確實不是碧璽。而在查詢過更多資料後，我驚覺那真的是蒙兀兒王朝所收集的寶石——它竟是一條十六世紀的尖晶石項鍊！

這一塊尖晶石重達 156 克拉，在遙遠的四百年前肯定被視為稀世珍寶，但因為切磨的方式太過簡單粗糙，加上形狀不規則，如今看來外觀實在不起眼，所以才被誤認為碧璽。有趣的是，尖晶石向來是個容易被誤認的寶石，很長一段時間裡，人們以為尖晶石就是紅寶石，最著名的案例莫過於英國帝國皇冠（Imperial state Crown）上的「Black Prince 紅寶石」。

寶石界潛力標的，尖晶石可望取代紅寶石

帝國皇冠通常用於英國王世的加冕典禮，皇冠上鑲有一顆重達 170 克拉的紅色寶石，被稱為「黑王子紅寶石」（Black Prince's Ruby，但是後來卻被證實那並非紅寶石，而是尖晶石。

尖晶石為何容易被誤認為紅寶石？除了因為過去的鑑定技術不夠好，鑑定機器也遲至十八～十九世紀才出現；由於尖晶石和紅寶石的產地不僅重疊，連產狀都相似，都是一顆一顆從大理石層裡挖出來的，因此，尖晶石直到十八世紀才被驗明正身。

所以，想玩珠寶或收藏古董珠寶的人，一定要具備相當深度的鑑定知識，否則可能就像那顆尖晶石一般，因為外表不夠搶眼而誤將它當成碧璽買下，最後也當成碧璽賣掉，白白錯失了一個稀世珍寶。要知道，截至目前為止，我敢說全世界超過 100 克拉的尖晶石，絕對不到三十個。

GRS 紫尖晶戒，26.38 克拉。

尖晶石的價格還不算是頂級寶石，除了超過 100 克拉的尖晶石之外，一般 3 克拉或 5 克拉的尖晶石都不算貴，但可別因此小看它。過去十年來，紅寶石的價格漲了一百倍，而尖晶石和紅寶石一樣珍貴稀有，但它的價格漲幅才剛開始……。

紅寶石被發現得早，也成名得早，不只價格翻漲，坊間也有很多加工處理紅寶石的方式，例如用玻璃填充或是一度燒、二度燒等

等，將品質略次的寶石處理成貌似品質精良的樣子，因此，紅寶石雖然在市場上很搶手，但買到次級貨的機率也相對較高。

至於尖晶石，一來是被發現得晚，直到十八世紀才因為被誤認是紅寶石而發跡，近年來名聲正在逐步追趕紅寶石並上揚中；二來則是色澤、折射率、淨度和硬度等方面都與紅寶石相似，卻沒有紅寶石這麼多的內涵物，加上尖晶石幾乎無法加工處理（只有極少數），此一優勢可以減低購買時的爭議，所以我一直看好尖晶石的增值潛力。

投資寶石就和投資任何標的物一樣，重點是確定其未來性與潛力，與其買在最高檔，或是買現下最當紅的，還不如逢低買進，投資更具有增值潛力的東西。當然，想看清楚那些事物具有真正的潛力，前提還是必須做對並做足功課！

皇冠上的誤會～塔吉克斯坦紅色尖晶石

第一塊尖晶石被發現在阿富汗與喜馬拉雅山脈西部地區北部，一個名為「塔吉克斯坦」的小國。由於色澤很像紅寶石，就連英國維多利亞女王的帝國皇冠主石，也曾被錯認為 170 克拉紅寶石 _Black Prince Ruby（黑色王子紅寶石），直至現代才鑑定證實為色澤艷麗的塔吉克斯坦紅色尖晶石。

英國維多利亞女王的帝國皇冠。

2011 年 5 月，日內瓦佳士得拍賣會上一件塔吉克斯坦尖晶石套鍊，以台幣 1 億 6,000 萬的高價落槌，使得塔吉克斯坦礦區的尖晶石炙手可熱，珠寶收藏家爭相收藏。

珠寶達人

李承倫「女人要有錢 X Gem Hunter _ 尖晶篇」了解更多，影音連接請上：http://www.youtube.com/watch?v=k_-lG4jvsw8

15

位於地面下的礦坑內部，礦工就地取材以樹木當支撐柱，加強結構安全。

AUSTRALIA

仿傚澳洲人捧國寶：
奇貨可居的黑蛋白石

澳洲自然資源豐富，其國民共識更是令人敬佩；幾年前帶著孩子到澳洲度長假，不僅孩子大開眼界，我這個寶石界的老手也趁機結結實實地上了一課，就算是賠，無異也是一種獲得。

　　除了美國，澳洲是另一個我們曾經帶著小孩一同前往渡長假的國家。如今回想起當時的情境真是非常瘋狂，因為我們還讓孩子們帶著自己的小提琴和大提琴一起到澳洲，到了當地，租了一台露營車，便從市區開始一路往前開，前往澳洲內陸探索，從沿海的風光明媚，到內陸的乾旱炎熱，沿途幾千公里的路程，大家絲毫不覺得累，畢竟澳洲地貌的多樣化，對孩子而言正是最好的地理課。

在天光鳥舞下合奏音樂，瘋狂又溫暖的親子回憶

　　「爸，你看，這裡有好多好多的鳥！好漂亮喔！」

　　澳洲的自然資源很豐富，生態環境被保持得很好，在野外常可以看到十幾種的鳥類，飛得忽高忽低，可說是野生動物的天地，我們家的三個孩子都是第一次看到那麼多鳥類在身邊飛著，大夥兒興奮地一直大叫著。

在大自然環境中，親子合奏，是相當難得的經驗。

　　我也覺得很開心，這種難得的體驗比起物質性的東西，對孩子來說是更好的禮物。雖然在野外露營，張羅瑣事對孩子和大人來說都很辛苦，但這種「一家人真實地生活在一起」的感覺，卻讓人覺得很溫暖、有趣。再者，除了訓練孩子獨立，我也想為家人留下真正難忘的回憶，比如我們拿出小提琴，就在野外，以天光鳥舞為伴的情境下合奏了美麗的音樂；或是在前往露營區的路上，看到好多袋鼠的屍體，以及看到生猛有力，隨時會從公路兩側跳出來，衝撞車子的袋鼠等，無一不是最難忘的場景。

　　沒有到澳洲，我們和孩子都以為袋鼠就像卡通影片上所演出的那樣可愛，孰不知牠們其實也是一種「危險動物」啊！

　　當然，這些情景，也許未來都很難再有了。畢竟小孩很快就長大，當我們忙於事業，他們的人際和未來也正在急速擴大並且變得複雜中，所以，我非常珍惜每一次全家人一起度假的時光，除了一同生活，我也會帶著孩子到礦區，讓他們更了解我的工作。

　　我們此行計畫去看澳洲著名的蛋白石礦區：閃電山。我帶著兒子到礦區底下看工人如何挖掘原礦，一起認識蛋白石礦的開採有多麼困難。

　　「爸，蛋白石這麼薄一層，好難開採喔！」

　　「嗯，這種蛋白石從開採到加工確實都很費工。」

在澳洲可與政府租借土地，進而成為礦主，但占地遼闊的礦區，卻僅有少數人挖掘到蛋白石。

因人工昂貴與危險，少有人願意成為礦工，礦主投資數百萬澳幣購買各式各樣的機具。

　　澳洲此地的蛋白石有種「侵入」的現象，當數百萬年前，流動的蛋白石流進入了其他礦藏的裂縫之中，形成母岩的一部分，這些蛋白石並不是一塊塊地出現在岩層中，而是以一層又一層，極薄而不規律的夾層出現，而此種蛋白石被稱為「礫背蛋白石」（Boulder Opal）。

因為珍惜，所以珍稀

　　由於不規則呈現加上礦層極薄，礦區的開採作業便有如大海撈針般困難，而找到蛋白石很困難，加工也不輕鬆，澳洲產的是黑蛋白石，顧名思義，這種礦石上有著非常美麗，宛如海潮、晚霞色澤的深色紋路，而那種黑又不是全然的深黑，是一種明豔的亮黑。但由於礦層太薄，所以只要稍微一磨，這些紋路就不見了，不論是單夾層、雙夾層或三層的蛋白石，加工時都必須極為謹慎，以免一不小心就破了！不過，等到我親自向當地礦主詢價後才知道，除了開採和加工困難，澳洲蛋白石之所以珍貴，還有其它原因⋯⋯。

　　全世界很多地方都產蛋白石，包括墨西哥、衣索比亞、秘魯、美國等，但澳洲的蛋白石價格卻是全世界最貴的，約是其他產地的五到十倍。原因何在？就是因為澳洲人懂得珍惜。比起其他國家，澳洲人的生活水準相對較高，因為當地蛋白石產

蛋白石挑選

量不算多，挖掘困難，不少澳洲礦主挖到蛋白石後捨不得賣，加上澳洲人自己就很愛蛋白石，單是賣給自己人就已供不應求，遑論是外地人想買？通常都必須開出很高的價碼才有可能取得。

當我開口說想買蛋白石，很多礦主都不願意，甚至明白告訴我：「這是我們的國寶，我想把它留在澳洲。」雖然當下覺得沮喪，可是我非常敬重澳洲人這個想法，畢竟唯有懂得珍惜，物品才會變得珍稀。

而說起此行美中不足的是，正因為澳洲人不願意出讓蛋白石給我，所以我只好自己掏腰包花了三萬美金買下十公斤的原礦帶回台灣，心想：「反正我們有器材、技術，自己切絕對不是問題。」怎知一切開，原礦裡面什麼都沒有，用「欲哭無淚」都不足以形容我當下的囧與傷心。而這三萬美金的教訓，無非就是告訴我，不能心存僥倖，寶石的學問很深，若不夠懂就不要「假會」！

猶如孔雀羽毛般瑰麗的黑色蛋白石

古羅馬自然科學家林尼曾說：「在蛋白石上，你可以看到紅寶石的火焰，紫水晶般的色斑，祖母綠般的綠海，五彩繽紛，渾然一體，美不勝收。」而澳洲是蛋白石出產最多的國家，蛋白石也是澳洲的「國石」，其中一種色澤似孔雀羽毛般深濃的，被稱為黑色蛋白石。

黑蛋白墜，97.61 克拉。

珠寶達人

李承倫「探訪澳洲蛋白石礦區」了解更多，影音連接請上：http://www.youtube.com/watch?v=ZsK5ud8dEow

美洲篇

美洲對我有特殊意義，在此地，最窘迫的時候有陌生人相救；

在沒沒無聞的時候，結識了此後經商多年的好夥伴；

在最頂級的拍賣會上，我展現令行家佩服的專業眼光。

這讓我相信，環境再詭譎，用心經營，依然能夠成為一處福地。

16

最優質的祖母綠就蘊藏在這片遼闊的安地斯山脈底下。

硝煙中的祖母綠～
哥倫比亞頂級參訪之旅

官方口中作惡多端的土匪，也許是人民心中的大英雄，一個人物，兩種故事，都訴說著同一個真相，走一趟哥倫比亞 Muzo 礦區，我終於體會到「弱肉強食」的確是人類社會永恆的真理。

「敬邀閣下伉儷，一同參觀哥倫比亞舉世聞名之 Muzo 礦區。」某天早上打開電腦，收到一封行文如此正式的邀請函，我不得不說，心裡是很激動的！

這是來自國際寶石業兩大龍頭公司 Gemfield 和 MuzoInternaional 的聯名邀請，他們近年在知名的哥倫比亞祖母綠礦區 Muzo 經營有成，為了展示成果，特地邀請全球知名的寶石學家、鑑定所和業者去參觀，這次的參訪團總共只有二十幾位成員受邀，例如國際品牌 Cartier 的採購經理、Gubelin 鑑定所的實驗室主任、GIA 的專家，以及 GRS 的老闆 Dr.peretti 等。

能夠和這個行業裡最頂尖、最具代表性的翹楚同行，代表的除了是對我的專業和影響力的一份肯定，能與這些優秀的同業交流，更是讓我引頸期待的喜事。

然而，走了這一趟，讓我印象最深刻

當地警察

的卻是 Muzo 礦區的動盪不安……。

既是惡棍也是英雄，傳奇 Victor Carranza

　　想要認識 Muzo 礦區，那就必須提到一個人：2013 年因罹患癌症而過世的 Victor Carranza。對哥倫比亞政府來說，Carranza 是個大壞蛋，是據地為王，蓄意和政府作對的土匪，政府恨不得逮捕他，拘禁至死。

　　「Victor Carranza 是我們心中的大英雄喔！」只是當我抵達 Muzo 礦區後，當地人卻是這樣告訴我。

　　當地人表示，這個礦區有很多世代長期經營採礦與寶石買賣的個體戶，當政府、毒梟與零星的游擊隊都在覬覦此地的祖母綠礦區，脅迫居民想分杯羹之際，就是 Victor Carranza 挺身而出，率領礦主們組織軍隊，捍衛自己的家園和權益。

　　「政府說他的軍隊殺了幾萬人，其實根本沒那麼多，頂多是三、五千人啦。」

　　「當時若不殺個幾千人，礦區還會是我們的嗎？」

　　聽完當地人說的話，我其實覺得還蠻有道理的，畢竟前往礦區實在太辛苦，政府根本不可能長趨直入，大軍壓境。

祖母綠原礦。

　　話說 Muzo 礦區為在距離波哥大北方大約一百公里的地方，通往礦區的路，根本不算是路，路況看起來就是一片荒地上中間微微凹陷下去。路況不只奇差無比，由於是位於山脊上，坐在車上只覺得自己就像一個麻袋，不停地被甩過來甩過去。此外，同車的還有一個日本人，他和我們一起坐在後座。車子才開五分鐘，我太太就吐了，緊跟著日本人也吐了，只有我緊

GRS 鑑驗室主任 Dr.Peretti 車子半路拋錨，改搭直升機前來礦區。

抓著兩旁的固定桿努力撐著。

就這樣，我們被足足「甩」了六個小時才抵達礦區，下車後我迫不及待地抓住一個當地人問道：「這個礦區不是很有歷史嗎，路況怎麼那麼差？」

「這是 Victor Carranza 的功勞，他故意不修這條路。」當地人這樣回答我，表示若將這條路修好了，毒梟和政府搞不好連坦克車都會開上來。想想也的確，路況差到我們後頭那台載著 GRS 老闆的車子開到一半，整台車重心不穩地翻覆在路邊，幸好沒有人受傷，而為了趕上參訪時間，主辦單位索性直接派直升機來接 GRS 老闆，果然就是國際礦業公司的作派！

這條前往 Muzo 礦區的必經之路曾經死過很多人，除了政府和 Carranza 兩方交戰，毒梟也希望將那條路納為己有，畢竟除了覬覦礦藏之外，他們平日運毒也需要經過這條路。

盜匪來犯，高官親臨，礦區進入新戰國時期

近年來，隨著 Carranza 過世，兩大寶石公司 Gemfield 和 MuzoInternaional 合

法取得開發權利，將這個礦區經營得有聲有色，但這可不是不代表這個礦區已然 safe 唷！

　　仔細觀察便可發現，沿途都有隨侍護衛在車子兩旁，看著這群隨身攜帶長槍，騎著越野車的保鑣，一方面覺得他們超帥，但另一方面又暗暗發愁，畢竟看到這等陣仗，我也知道這裡絕對不是一個太平地方。

　　進入礦坑參觀前，為了確保機密不外洩，不只手機和相機全部都要沒收，參訪人員在抵達礦坑口時還得在鏡頭前笑一下，讓安全人員確認訪客名單上的人確實就是你。而礦坑的開採方式更是嚴謹，為了防止偷竊，每層都有保安，駕駛機器的開挖者也不能用手碰礦土，時間一到就會有人拿著箱子將挖到的東西放進去，而替箱子上鎖又是另有專人負責。我其實參觀過很多地方的礦區，但卻從未看過這種管理方式，就算是 Gemfield 在坦尚尼亞的丹泉石礦區也沒有做到這等程度。待參觀完礦坑後，隨行人員方才告訴我們，六個月前有一百多個強盜劫走整整一年份的開挖所得，當時礦區員工才三十幾人，當時如果不把祖母綠交出來，性命恐怕不保。聽到這裡我心想，如果出發前就告訴大家這件事，也許根本沒有人敢來了……

由於國際大型礦業公司取得開發權利，哥倫比亞礦工的福利獲得改善。

經過那一次的洗劫後，礦區的維安規格條地拉高，現在就連每天在礦坑裡值勤的保安人員，都是來自全球最知名的私人傭兵公司「黑水Blackwater Worldwide」。

一行人走出礦坑後，我們赫然見到哥倫比亞的礦業部長也代表總統親臨現場致意，當下一瞬間，我終於意識到，Carranza 雖然才過世不久，但也許新型態的，不那麼血腥但也許更激烈的資源競合遊戲，已然展開。

返家的路上，我一直思考著，外人認為Carranza 是抗政府的大壞人，但當地居民卻視他為保護人民的英雄：凡事真的都有我們不為人知的面向，若非親自了解，還真的不能加以論斷。

礦區周圍有真槍實彈守衛的保安人員待命

作者手中是好不容易挖得的祖母綠，結晶很小

無須特別要求祖母綠的淨度

幾千年來，祖母綠一直是世人仰慕追求的寶石，它妝點過古埃及法老與羅馬大帝，十六世紀的西班牙征服者在從拉丁美洲返回歐洲時將其帶回歐洲，自此，祖母綠之地位達至頂點並保持至今。在所有的寶石中，祖母綠素有「瑕疵花園」之稱，所以，寶石鑑賞家對於祖母綠的淨度要求，一般都不嚴苛，但無浸油的祖母綠更加珍貴。

祖母綠鑽石套鍊，9.22 克拉，色澤飽和、純正，得天獨厚，相當罕見。

珠寶
達人

李承倫「前進哥倫比亞，直擊祖母綠礦區！」了解更多，影音連接請上：http://www.youtube.com/watch?v=CxGDZ3bXDC8

17

礦坑狹小，空氣混濁濃度高，實在稱不上舒適。

礦區如叢林～ 適者生存的巴西

即便是全球知名、礦藏不虞匱乏的地方，到礦區買寶石也不一定有如「探囊取物」那般簡單，礦區的寶石是熱門的原物料，生產和交易都充滿風險，唯有「適者」，才能「生存」。

「嘿，我們挖到一批又大又漂亮的鈦晶！」

「你一定要自己來看看，這麼優的鈦晶以後可能挖不到囉。」

幾年前的某一天，巴西礦區友人阿飛（化名）興奮地在電話那頭大喊，聽得我心裡癢癢的。加上鈦晶產地少又不易開採，好的鈦晶礦根本就是可遇不可求，於是我決心放下手邊事，飛奔巴西挖寶去。

迢迢遠路無王法，
考驗體力與財力

從台灣飛巴西，中途需轉機，然而飛抵巴西尚屬易事，真正麻煩的是巴西的國內交通。

露天礦坑可使用大型機具開採 (圖中挖土機的輪胎高度接近一個成人身高)。

礦區是位於 Bahia 州的 Novo Horizonte，距離聖保羅有兩千多公里，搭乘巴西國內班機就像搭台灣人俗稱的「野雞車」一樣，偶爾會因為要多搭載一些客人而任意停在某個小機場，毫無效率和章法可言。

好不容易來到離礦區最近的機場，我請人開車載我到礦區，但一路上常常被人攔下來說路是他開的，要我給過路費。

「司機大哥，這些路真的是他們開的？」

「對啊，巴西太大了，很多路都是私人開的，過路就得給錢。」

大哥無奈地說，巴西國土太大，政府根本無法管控這種私人自行開闢道路，強收過路費的事。然而話說這國土到底有多大？我記得有次在路上，車子開到半途停下來，因為馬路中央躺著一匹巨大的死馬，一群禿鷹正啃食它的屍體，路上還有食蟻獸，我們見狀只好繞道。

從死馬的屍體可以躺在路上那麼久卻無人清理，便可知那條路多久沒人經過了，而在巴西，這種杳無人煙的馬路多的是……。

旅途中遇見的死馬屍體，無人清理，僅能繞道而行。

鈦晶之城，希望之城

費了一番功夫後我終於來到礦區，見到阿飛，趕忙打電話回家報平安。太太著急地問：「你到底去哪裡了？星期天飛的，今天已經星期二了，怎麼才剛到呢？」

沒錯，光是飛到聖保羅就要三、四十個小時，再加上國內小飛機，我可是足足飛了三天才到礦區。

雖然飛行這麼久，看著當地辛苦作業的開挖工人，我深刻感覺到自己的幸運，如果沒有這些人長年冒著生命危險不斷開挖，我也沒有機會看到這美麗的鈦晶礦。

「很多從亞馬遜流域來的土著，為了要挖礦，帶著一包米就來了，他們想要賺錢，最後卻死在這裡。」

阿飛告訴我，鈦晶礦非常難挖，即使當地已經採取小規模的開採方式，可是鈦晶礦的位置實在太深，光是從地表挖到礦脈就需要二十至六十天不等；從主礦延伸到副坑道更需要三至四個月之久。而且，鈦晶礦坑的土質鬆散，經過炸藥一炸，礦區變得非常容易坍塌，很多開採工人因此遭到活埋。

這個訊息讓我想起十幾年前我初次到訪這個礦區的時候，耳邊方才剛聽到「砰！」的聲響，礦坑內剛炸了一遍，塵土還一直掉，礦主就帶我進去看，我傻傻地跟進去，沒多久就忍不住嘔吐，實在是礦坑內的空氣確實太糟，讓我整個人都很不舒服。

「看完了吧，我們趕快到下個城市」

「那麼快就要離開？」

「昨天有人在這裡被殺了，錢、車和人都沒了。」

包括阿飛在內，每次到鈦晶礦區，礦主們總是不斷催趕我盡快離開，因為這裡就和世界上所有珍稀寶石礦區一樣，對買家痛下殺手，劫掠偷搶的事件始終層出不窮。

而我也總是從善如流，匆匆離開。

落荒而逃，閒逛市集險遭嫁禍

接著，阿飛帶我來到「Minas Gerais」州，州名的字面意思就是「礦物」，從地名就能想見這裡的礦藏有多豐富。

我住在 Minas Gerais 附近的城市裡，每天都到鄰近的幾個市鎮看寶石，那一次買到了海水藍寶、帝王拓帕石、摩根石、亞歷山大石，甚至還有鑽石等質量優異的寶石，可以說是大豐收。

本以為在市集上，總該不會像礦區附近那麼危險了吧，豈料我還是錯了……。

某天，在一個普通的市集上，一顆很大的海水藍寶礦石吸引了我的目光，我湊上前去，將寶石捧在手心細細端詳，看完後正要放回原位，一個不小心竟讓石頭掉到地上。

「揍他，揍他！」「搶他，搶他！」

我看得很清楚，那顆海水藍寶並沒有因為掉到地上而有任何破損，但在那一瞬間，我身邊突然湧上數十個當地人，每個人均大吼著要揍我、搶我，我一看勢頭不好，趕緊轉身就跑。

正當我死命地飛奔跑離那個市集，閃身躲進一個隱密的小巷子裡時，我突然想起阿飛還在市集裡，他根本不知道發生什麼事，但我實在無法聯絡上他，只好窩在巷子裡躲了一小時後才敢出來。

直到後來我們重新遇上了，他才跟我說，原來就在我猶豫不決的當下，他也聽到突然有人大喊救命，一轉身就看到我正在落荒而逃，後來，阿飛怎麼找都找不到我，於是跑去報警。

若說不付錢就得被揍個鼻青臉腫，但也不保證乖乖付錢就能脫身，萬一對方一開口就是索賠一億呢？頂著一張東方面孔來到這個破舊的市集上，任誰都知道我就是遠道而來的買家，身上一定有錢，當我到處看又不見得要買，他們自然只好找理由來找我麻煩了。再者，當地人不說英文，後來我才明白他們想揍我是因為我學過

半年的葡萄牙文。想要作國際性的寶石生意，不能以為會說英文就夠了，必須要能和礦區的人溝通，這關係到的不只是交易，更重要的是保命。

在精品店，珠寶可能是一門很優雅的生意，但在礦區，寶石交易往往變成是一種生存遊戲，若你沒有做好萬全準備，奉勸可別輕易嘗試。

進入礦坑前的需與同行的礦工打好關係。

巴西紫晶洞礦區地底下 10 公尺深處，探勘紫水晶。

巴西 Paraiba 含銅碧璽

巴西是寶石的天堂，出產的寶石種類繁多，尤以南大河州生產的紫晶洞聞名全球，此外更有祖母綠、亞歷山大變色石、拓帕石、碧璽等貴重寶石。

1985 年，帶有藍、綠色霓虹光顏色的一種特殊碧璽在巴西 Paraiba 州首次被發現，從此被命名為 Paraiba 碧璽。由於產量甚少，而且顏色特殊，深受市場歡迎，在 1989～1991 年間，幾乎將當地發現的 Paraiba 開挖殆盡，據礦主表示，現在每個月只能產出不到一百公克的原礦。

天然無燒巴西 Paraiba 鑽戒，2.61 克拉 GRS

珠寶
達人

李承倫「探訪水晶故鄉-巴西礦區之旅！」了解更多，影音連接請上：www.youtube.com/watch?v=W66iEKqLkgU

18

沿路有小朋友好奇地追著我們這些外來人跑。

比寶石更貴重～
在多明尼加種下的善緣

在全世界找尋寶石的過程裡，不見得總是充滿詐騙、搶劫和賄賂等等負面經驗，至少，發生在多明尼加的一次經驗，我是非常開心的，因為我不只買到珍稀寶石，也存到貴重的人情。

十幾年前，我在美國剛剛拿到碩士學位，曾和太太去了一趟多明尼加。當時，我們認識一位多明尼加在台大使的女兒，並在入境時受到照顧，內心深處小小的虛榮感頓時被滿足了，實在很快樂！

只是我從未想到的是，此行在多明尼加認識的陌生人，竟然與我未來連結的這麼深……

風景猶似仙境，
堪稱珍稀寶石天堂

多明尼加最有名的寶石有三種，一是孔克珠（Conch Pearl，一種天然珍珠），在加勒比海沿岸，

多明尼加駐華大使 Mr.Santos 來台參觀侏羅紀寶石所舉辦的藍珀展。

偶爾會看到內裡透著粉紅色的大鳳螺躺在潔白的沙灘上，螺孔內有著粉紅色的孔克珠，襯著藍天碧海的背景，那種景色真的很美。二是新品種的寶石，透著美麗藍白紋路的海洋石（Larimar），這種寶石目前只出產於多明尼加，之後便是由我首先將這種寶石引進到台灣和中國市場。第三種就是藍色的琥珀，放眼全球，只有多明尼加產藍珀。在琥珀的種類當中，藍琥珀、血色琥珀、含有昆蟲結晶的琥珀等三種是最高價稀有的琥珀，我很幸運的是，第一次來到多明尼加，就成功找到藍珀和蟲珀。

還記得當地寶石商人載著我前往琥珀礦區，沿路有小朋友追著車子跑，手裡揣著裡頭鑲有昆蟲結晶的琥珀向我兜售，那一次，我買下了裡面鑲有一隻蠍子的琥珀，目前全世界藏在琥珀的蠍子恐怕不到一百隻。

帶我到礦區的商人馬克，後來成為我的生意夥伴，也是我一生的好友。

「想到礦區看看嗎？」

「我可以帶你們去瞧瞧！」

在多明尼加逛中央市集的時候，我們認識了馬克，他爽快地答應帶我們到礦區一遊。當時的他只是一個小攤販，沒有店面，簡單地鋪了一塊地墊就開始賣寶石，但他並未因為自己只是一個攤販就小看了這門生意。

看到我們的東方臉孔，他沒有在開價時獅子大開口；知道我們想到礦區，他也熱心地帶著我們去參觀。要知道，客人看了礦區，有可能到最後什麼都沒買，或只買了一點點價格並不高的東西，但是馬克不以為意，還是專程載我們跑這一趟。

馬克的真誠、重承諾、講信用，從這些相處的點點滴滴中也充分展現在我們面前，能在異地認是這樣一個好人，實在是三生有幸！

攤商變身國會議員，人脈存摺點滴累積起

中南美洲人做事隨興，約下午一點碰面但遲到兩小時是常有的事，但馬克很不一樣，他一直都很準時。我告訴他，看到了哪些種類、等級的寶石就寄來台灣給我，

之後每一回他寄來的寶石都和他的報價資料相去不遠，不像有些其他地方的礦主，告訴我有三十公斤的寶石，但當我打開包裹來秤重後，發現根本只有二十公斤；或是跟我說寶石屬 3A 等級，但寄過來卻是 B 等級。

我相信他們不見得是故意騙人，就是隨興慣了，可是馬克做生意絕不隨便，從他還是小攤販時就是如此，直到後來他成為小礦主，生意愈做愈大，卻反而更守信用。此外，他也很有膽識，雖然不太會講英文，但我卻常在日本、美國等地的寶石展、礦石展上與他相逢。馬克很積極地想要將礦區裡開挖出來的好東西帶出國做生意，從不畫地自限並且勇於學習，這也是我欣賞他的地方。

還記得有一回，馬克極需資金周轉，他向我開口應急：「我遇到麻煩了，可以把房子抵押給你嗎？」基於多年來的信用，我還真的借了一大筆錢給他。我和我老婆都不是多明尼加人，他的房子其實根本無法過戶給我，我也從未想過將來要去住那間房子，純粹就只是幫忙，甚至也做好了他還不了錢的心理準備。

之後有些朋友知道這件事，都覺得實在太不可思議，但是我對朋友的想法就是

2006 年攝於多明尼加北部井礦洞口開採藍珀。

藍珀會因為觀賞角度不同，映照出不同的色彩，相當迷人。

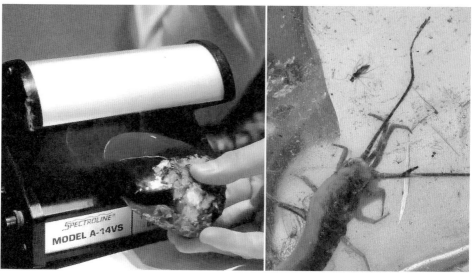

一般藍珀在螢光燈下會有強烈的螢光反應。

一個微乎其微的巧合，讓千萬年前的一只蠍子以完整的姿態被完美封存下來。

一諾千金，我把朋友和信用看得比金錢和生命還重要，這就是我做人的準則，直到如今回頭想想，這種個性可能也是我之所以能夠挺過各種難關，把寶石生意拓展到國際規模的關鍵吧！

每次造訪一個礦區，我就會和當地的礦主建立關係，除了買寶石，也會和他們長期保持聯繫，這就是我總能拿到稀有寶石的原因，全世界的礦區都有礦主在支持著我做這門生意。一樁交易除了可以買到商品，也能因此締結人脈，不能只把眼光放在當下，有時人脈的價值可能遠高於當下的商品價格喔！

最近一次去拜訪馬克，他已是多明尼加的國會議員，住在一棟別墅裡，房子後面的倉庫裡堆滿了用「麻袋」盛裝的琥珀，這是一批正要出口的貨。如今的馬克和剛認識時的小攤販相比，現在的生意規模、人生格局都已是不可同日而語了。

十幾年前，我無法想像這個小攤販有一天會是一位國會議員，甚至打算競選副總統；馬克可能也預期不到我這個陌生的東方商人，有一天會擁有自己的拍賣公司，成立國際級的寶石鑑定所。當初一個無心結下的善緣，為我們兩人種下了日後事業各自精彩的種子，人與人之間的情誼，有時真的是比寶石還貴重哪！

難以被仿製的孔克珠
（CONCH PEARL）

神秘的加勒比海域不僅因海盜而聲名遠揚，也是最著名的孔克珠產地。孔克珠的玫瑰色有著讓人無法抗拒的魅力，是價值最高也最稀有的珍珠品種。

在陽光下轉動孔克珠，可以看見如同海浪的精緻白色紋理遍布於美麗的天鵝絨上，這就是孔克珠的特別標識「火焰紋」，也讓孔克珠很難被仿製。

大鳳螺

孔克珠墜，3.39 克拉。

珠寶
達人

李承倫「探訪神秘的琥珀之旅」了解更多，影音連接請上：
www.youtube.com/watch?v=XKbK5fJE1c8

19

出產琥珀的 Chiapas 市的微霧清晨。

在戰亂的墨西哥，
看見人性的光與暗

愈是身處在黑暗之中，往往愈能見到明亮的星星。這並非只是一個美麗的句子，一趟墨西哥之行既讓我領教了社會的貪腐，也經歷並體會到人性的光輝。

「狂徒暗殺警察總長」、「失蹤大學生遭市長下令集體屠殺」……

一個三天兩頭打開報紙盡是這種標題的國家，會是什麼樣的地方？墨西哥就是這樣的國家，恐怖攻擊有如家常便飯，去了就等於搏命。但是在腐敗的地方，人心也一樣的腐敗嗎？實情倒也不盡然如此，我在墨西哥幾度身陷險境，卻依舊有幸看見了人性的光明面。

待客之道：
從辦簽證就開始刁難

得來不易的蛋白石原礦。

從辦簽證開始，墨西哥帶給我的印象就奇差無比。

在墨西哥的台北辦事處，因為每

天的受理時間有限，每個工作日來到這裡辦簽證的人總是大排長龍，而我在連續跑了幾趟都排不上隊之後，我決定乾脆直接飛到美國加州去辦簽證。

原以為美墨邊境往來的人非常多，辦簽證總該順利多了吧？

錯了！！

「等下我怎麼做，你就跟著做。」

當時，排在我前面，一位說話溫和的加州大學教授，很熱心地想教我如何過關，可惜我初來乍到，看到比台北還長的排隊隊伍，內心焦躁不安而忽略了他話裡隱藏的含意。直到輪到他和簽證訪談官面談時，這才發現他彷彿變了一個人，雙手抓著訪談窗口的欄杆猛烈搖晃，活像是個被關在籠子裡的野獸請求主人開恩放他出去；而面試官更是無理，直接打開他的背包，將包包內的所有物品全部倒在地上，就像在羞辱次等公民一樣。

「我才不要這樣……」

因為對這種情況深感不屑，所以輪到我的時候，我很平靜的走過去，把包包放好，等待檢查。

不料，訪談官一開口竟是：「You, go to the end of the line ！」（你給我重新再排一遍！）

「Why？ You kidding me……」（為什麼？你開什麼玩笑……）

而當我正要向他問個清楚時，旁邊另一名海關人員竟然直接舉起手上的槍，我見大勢不妙只好立刻乖乖閉嘴，默默地走到隊伍最後面重新排隊。而倒楣的是還沒輪到我辦簽證，辦事處就已經下班了。

第二天，搖欄杆、大聲吼叫和表演卑微等橋段，我都乖乖照辦，因為我終於搞清楚現實就是我－必－須－求－他。

一番折騰後，我終於進入墨西哥，找到了兩種寶石：火蛋白石和藍綠琥珀。

蛋白石雖不算是極為貴重的寶石，甚至有很多寶石都比它更美、更貴，然而，所有的寶石都只有一種顏色，唯獨蛋白石可以反映出七種顏色，只有蛋白石能擁有

利用礦土的不同比重，一次次地篩掉多餘的廢土，再從留下的仔細挑選。

七彩的美麗，更何況具有火光的蛋白石。此外，琥珀也沒讓我失望。在一般印象中，琥珀多是黃色調，偏暖色系的寶石，但墨西哥洽阿帕斯（Chiapas）當地卻產有藍色和綠色的琥珀，非常罕見而美麗。

　　總之，我對當地出產的寶石很滿意，但卻對當地特有的亂象極為失望。

家常便飯：槍戰和賄賂已屬常態

　　洽阿帕斯這座小城鎮就位在墨西哥與瓜地馬拉接壤處附近，當地經常出沒各種游擊隊，說句一點都不誇張的話，槍聲就是當地居民日常生活的背景音樂。

　　當地居民生性純樸，生活步調很單純。他們並未大規模的開採礦區，很多人平常是農夫，以種可可或咖啡維生，在農事告一段落的空檔，才會到地震山崩後的山裡撿拾美麗的礦石回鎮上兜售。

　　「這些礦你都可以慢慢看。」

　　「噠噠噠噠噠噠⋯⋯⋯」

　　「天哪，這是怎麼回事！！」

當我正在雜貨店裡看著店主人展示的琥珀原礦，外面突然槍聲大作，音量甚至大到彷彿就發生在隔壁，我當時嚇得魂飛魄散，但當地人卻表現得若無其事說：「趴下趴下，等下沒聲音就可以起來了！」

除了戰亂，他們也習慣了各種強迫賄賂。

前往礦區前，我看到礦主把很多寶石全部藏在身上，包括鞋子、襪子等處，我很好奇，問他：「這是要做什麼？」他要我別管，只簡單回答我：「去了你就知道……」原來，那些寶石都是「買路財」，我們經過每一處都得留下買路財，即使只是買張搭巴士的票，也要送買票窗口的人一顆寶石。

最後一發：百元美金的地獄與天堂

而說起此行最誇張的臨去秋波，是發生在我正要搭機返回台灣的時候。

「對不起，你不能飛，還要再一百元美金。」

明明到機場前，我已經確認過會起飛的飛機，但是臨櫃辦理登機，對方竟然還是「明示」我若不給他一百元美金，那就休想搭上這班飛機。

而偏偏這趟旅程，我身上所有的一百元、五十元美金都用來當買路財花光了，到了機場櫃檯，我身上根本已經沒有任何美金可用。我當場急得拿起電話，打到墨西哥台灣辦事處求援，但對方不但不會說中文，也不會說英文，當我想盡辦法溝通，幾經波折後得到的消息卻是：「不好意思喔，你的問題要明天才能處理。」

「明天？！飛機哪可能等我？再說我身上也沒錢了！」

正當我萬念俱灰，背後傳來一個聲音：「你怎麼了？有什麼事嗎」

「你需要多少錢？」

我身後大排長龍的隊伍中傳來了一口標準的京片子，我回頭一看發現原來是一位長年在北京工作的墨西哥人，他在知道了我的困難後，竟然直接掏出一百元美金給我！

「留下你的電話和帳號，我回家後把錢還給你，我在中國有帳戶。」

「沒關係我不需要。」

其實他大可以不理會我，或者要求我之後多還他一點錢，但他什麼都不計較，就這麼平白無故地幫助一個陌生人，這也給了我相當大的震懾。

如今回想這一趟驚魂之旅，儘管受了太多鳥氣，但過程中遇到的兩個陌生人的援手，每每讓我深思：身處那個充滿戰亂和賄賂的環境中，我也能有保有善良和熱心嗎？也正是這種善良讓我對墨西哥還存有一絲好感，也由衷希望這樣的良善能傳播出去，讓更多人即使身處於不安與沒有信心的環境中，依然有機會看見一絲陽光。

蛋白石的「遊彩」現象

提及產自墨西哥的蛋白石，便一定要知道當地最優質神秘具橙色為主背景的「火蛋白石」。「遊彩」現象（ play - of - color ）是決定蛋白石價格的因素之一，因其內部結構與光線運作的結果，而在蛋白石背景上展現移動的七彩。附註：澳洲一文提及的黑蛋白，是在深色的背景上呈現出遊彩現象

墨西哥火蛋白彩剛鑽石別針 14.43 克拉 (18 KARAT WHITE GOLD, MEXICO FIREOPAL、MULTICOLOURED GEM-SET AND DIAMOND BROOCH)

珠寶達人

李承倫「帶你到墨西哥礦區，尋找蛋白石原礦」了解更多，
影音連接請上：www.youtube.com/watch?v=R83fJQ9Y_DM

20

烏拉圭富含寶石礦藏，人民生性樂觀。

驚「艷」烏拉圭，超值的不只是寶石

走遍世界，我覺得自己已經見識過種種極端狀況，再沒什麼事情能令我訝異。然而烏拉圭還是讓我驚呆了，有些福份，無論如何都消化不了……

中南美洲是全球知名，寶石礦藏豐富的地區，但是在漫長的開挖歷史中，始終有些地方被忽略，烏拉圭就是這樣一個擁有絕佳質量礦藏，卻鮮少被寶石業者關注的國家。

記得某次我到巴西找寶石，後來就順路往南挺進到烏拉圭，並在這裡遇到很熱情的水晶礦主馬塔（化名），對方一口答應要帶我與巴西朋友去看頂級的紫晶礦區。

烏拉圭是個充滿色彩和生命力的國度，沿途可以看到很多人騎馬、穿戴當地傳統原住民（Charrua，查魯亞人）的服飾，那是一款

穿戴著當地傳統原住民（Charrua，查魯亞人）的服飾。

顏色鮮豔，穿起來又很神氣的披風。而最令人驚訝的是，一路上出現好多大型鳥類此起彼落地「砰！砰！砰！」撞在車窗上，甚至把玻璃都撞出裂紋了，很難想像烏拉圭的鳥類不僅多，還不怎麼怕人呢⋯⋯

礦藏豐富，離地三公尺就挖到瑪瑙

烏拉圭的礦藏也超乎我想像地豐沛。

「你看到路邊那個洞了嗎？」

「看到了，那個洞是怎麼回事？」

「那個洞裡面就有瑪瑙可以看。」

「怎麼可能！」

我當時覺得馬塔其實是在跟我開玩笑，他指著路邊一個「洞」，說裡面就有瑪瑙，看這那外表完全不像「礦坑」的洞，我慢慢走上前探頭一看，我當下大吃一驚，因為裡面確實是個礦坑，而且距離地表只有三公尺深，竟然在這裡就能挖得到非常美麗的瑪瑙！

此外，當地的水晶也堪稱一絕。烏拉圭的水晶洞，外層都夾帶著非常厚重的瑪瑙層，每個水晶洞起碼都有二十公斤以上的重量，重達三百公斤也不在少數，甚至連重達一噸的水晶洞，烏拉圭也有生產，而這是與巴西的水晶洞很不一樣的地方。因為與烏拉圭的水晶洞相比，巴西的水晶洞並沒有那麼豐美的瑪瑙層。

再者，兩地的水晶的色澤也差很多，以紫水晶來說，如果顏色由淺到深可以分為一到十度，巴西的紫水晶大約是五到六度，可是烏拉圭的水晶可以到九度，那真是很優美的深紫色。再說起價值，相比於巴西，烏拉圭的紫水晶售價自然是高出許多，因為石頭還沒完全打磨好，就已會讓人忍不住想買下，實在是因為水晶的光澤實在太閃亮了，就像是正在對著你微微笑一般。

烏拉圭露天開採晶洞。

經營模式，行家才懂的水晶寶窟

但為什麼多數人都知道巴西產水晶，卻不知道烏拉圭有品質更好的水晶？

我認為這是因為開採規模導致的知名度落差，巴西的水晶礦多屬大規模開採，比如地方政府會把水晶礦當成當地的經濟命脈，刻意發展這個產業。但是烏拉圭不然，都是小礦主們自行開採。

烏拉圭也許失去了很多商機，可是像我這樣的寶石商人卻因此得到好處，一來我買到了很多相對價廉物美的瑪瑙和水晶；二來在這裡買寶石，非常安全。我在烏拉圭過得很平安，一路上也沒聽說這裡的礦區發生過什麼搶劫、殺人的可怕傳聞。

只是我總覺得很奇怪：既然擁有這麼多珍貴的水晶、瑪瑙，烏拉圭人為何不炒作這個市場呢？

「我才是不懂你們幹嘛要花大錢買這個？」

「漂亮歸漂亮，但把這麼一大顆石頭擺在家裡要幹嘛？」

馬塔很疑惑，為何我們亞洲人那麼熱衷買水晶？「用水晶來調整個人和居家磁場」的做法在中南美洲很難流行，因為他們生性樂觀，每天都很快樂，哪裡需要調整「磁場」？

艷福不淺！在烏拉圭差點失身

烏拉圭人的人生觀是「今朝有酒今朝醉」，今天如果挖到寶石，晚餐就呼朋引伴去喝酒，換言之，吃大餐的等級，就看挖到的寶石有多高級；挖到寶石以後，他們還會自行休假，至於休到什麼時候？就等錢花光了再說，完全沒有存款的概念。此外，烏拉圭的男人們只要身上有點錢，都有兩個以上的老婆、女朋友，在這裡，年齡或輩份不是隔閡，也完全無需忌諱，只要大家開心就好。

左邊的礦工戴著軍用的防毒面具，而作者故作輕鬆的合影，其實坑內空氣非常不好。

　　有一天，馬塔帶著我和巴西友人去接他正在讀中學的女兒佩姬（化名）放學，吃過晚餐後，他又帶著我們去找佩姬的同學約會。

　　哈哈，你沒看錯，馬塔的確是找自己女兒的同學約會！他們認為輩分和歲數都不是問題，只要彼此看對眼就可以。更誇張的是，就在送我回飯店之前，他還找了另外兩個佩姬的同學，想要塞給我和巴西友人呢！

　　「不不不，我根本不想要！」我直接表明。

　　「不行，你一定要！」馬塔堅持。

　　真是天地良心哪！我可沒有膽子背叛老婆大人啊，但由於馬塔「盛情」難卻，我驚慌之下只好急中生智，就把這份艷福讓給巴西友人，讓他去和兩個小女生約會。

　　其實馬塔已有三妻四妾卻還約會不斷，這當然算不上是壞人；不想儲蓄、不積極工作，也不是重大的罪惡，撇開這些文化衝擊不談，他們對於外來客人是很友善的，而我與他們做生意，自然也會入境隨俗，不會用自己的價值觀來評判他們。只是入境隨俗要「隨俗」到什麼程度，我心中自是有一把尺在的……。

寶石雕刻家～
彼得・慕勒（Peter Muuller）

珠寶
達人

李承倫「探訪紫晶洞礦區」了解更多，影音連接請上：www.youtube.com/watch?v=V8mF9Z-yIMY

將不同天然的寶石原礦作雕刻與結合，是知名珠寶藝術雕刻家 Peter Muuller 最擅長的技法。從 1984 年開始，Peter Muuller 瘋狂熱愛在各式各樣不同又美麗的寶石上，雕刻形形色色的飛禽。本件為彼得慕勒 Peter Muuller 的傑作之一，特色是使用天然粉晶、海水藍寶與碧璽礦石，透過純熟技法雕刻而成，維妙維肖的作品，公雞姿態氣宇軒昂。

彼得・慕勒作品「公雞」，3,286 公克，30x20x16cm，全件由天然粉晶、海水藍寶與碧璽雕飾而成。（ROSE QUARTZ、AQUAMARINE 'ROOSTER' AND TOURMALINE CARVING, BY PETER MUULLER）

21

從化石森林國家公園 (Petrified Forest National Park) 開往大峽谷路上景致。

AMERICA

那一年我們移動房子，
瘋玩美國自駕趣

想為孩子創造不同的兒時回憶，是很多父母的心願，我也不例外。
想跟孩子一起玩耍、生活，最好還可以一起學習，所以我只要有空就
會帶著他們去旅行，不是跟團走馬看花那種喔，而是一起去冒險，看
世界的自由行。就像幾年前的一趟美國自駕遊，過程中有愉快也有驚
險，直到現在回想起來，我們都非常懷念呢！

　　忙著拚事業的日子，我和太太總會思考著要如何增加陪孩子的時間，所以每到
孩子放長假的時候，我們總會為全家人安排一些特別的渡假計劃，例如幾年前的「自
駕遊美國」就是最瘋狂的一次，我們甚至帶了孩子的阿嬤一起玩呢！

　　當時，家中三個孩子都還在念國
小，一放寒假，就跟著我們一起前往美
國。太太的二哥因為住在德州，所以他
的兩個孩子也想參加這次的自駕遊，於
是我們先飛到德州，在當地租了一個
四十呎的露營車後才上路，請大家不妨

台灣少見的四十呎露營車，儼然像是可移動的房屋。

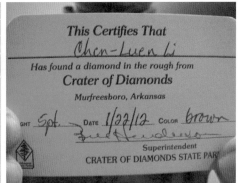

鑽石公園鑑定人員當場為挖到的鑽石開立證明，並且興奮合影。

想像一下，那麼大台的車子，幾乎就是一棟「會移動的房子」啊，整趟旅程中，車子裡面共住了三個大人加上五個孩子，再加上林博士和 Joana 兩位友人，總共十人一起上路……！

接著，我們先往北開到阿肯色州，再從阿肯色州沿路玩下來，一邊往西前進，最後再回到德州，一共花了三星期，開了七千多公里，整整繞了美國半圈，真可說是瘋了。

當然，跟著我這個寶石達人一起玩，旅程中自然少不了安排挖掘寶石、觀賞寶石原礦的行程，途中甚至還遇到一個有驚無險的小插曲呢！

阿肯色州：手氣太旺，除夕夜幸運挖到寶

我們第一站來到阿肯色州，這裡有個很有名的鑽石公園「Crater of diamonds state park」，當地過去出產鑽石，後來因產量下降就逐漸失去開採價值，慶幸的是當地觀光價值極高，大家去那邊玩的同時，還是可以親手挖鑽石，碰碰運氣（由此可知，鑽石是會開採殆盡的）。

還記得當時的氣溫冷到地面幾乎要結冰，但在我和太太的要求下，小孩們依舊必須幫忙做家事。就像露營車備有三個排水洞，每天要排廢水，更要補充洗澡和飲

一鋤一鋤鏟土、淘洗篩選，天寒地凍下挖寶，著實冷的直想放棄，還好有幸運之神眷顧。

用水，我們為了訓練小孩獨立，所以讓他們負責準備大家要用的水，還得幫車子充電。孩子平常在家裡不太需要做家事，出了國就要學習照顧大家，照顧自己。

「爸，你這樣釣魚要釣多久？」

「想吃就得耐心等啊！」在露營區，不只得找地方生火，還要釣魚、抓魚以及殺魚、烤魚等，每件活兒我們都帶著孩子一起做，一邊做也一邊聊天，親子間的距離因此更靠近了，而小孩也從中學會了不少生活技能。

此外，我們一邊露營，也一邊挖鑽石。

第一天沒挖到，孩子們都想放棄了，畢竟天氣實在太冷了，大家都只想窩在車內吹暖氣。但我還是堅持再挖一天。

「爸，那看起來只是地上的小～小石頭。」

「你們要相信我，它真的是鑽石！」

只見我拿著「所有人都認為不是，只有我知道那一定是鑽石」的「小～小石頭」直奔公園旁的鑑定所，待所方確認確實是鑽石後，鑑識人員還幫我拍照，把照片放到網路上，用我的名字來為那顆鑽石命名。而那顆鑽石經鑑識後確定是 5 分，也就是 0.05 克拉的棕色鑽石，商業價值不大，但因為是在冰天雪地下親手挖到的，加上鑑定所還特地頒發證書，對我而言特別有感情、饒富深意！

回國後，我們方才知道挖到鑽石的時間點，正好是台灣的除夕夜，是全家人圍

爐吃年夜飯的時間！事後有朋友問我：「李總，你那一年的運氣是不是特別好啊？」哈，事後想想似乎還真有那麼一回事呢，因為在那趟旅程結束後我們順道前往賭城開開眼界，本人在賭場小試身手後，還真的贏了錢呢！

新墨西哥州：鄰居好嗨，大夥兒失眠一整夜

緊接著，我們來到新墨西哥州，這個充滿著美國西部的自然風情的地方，全州多山，彷彿城市都是從群山谷地中建立起來的。我們抵達紅石公園（Red Rock State Park）時已是深夜，由於奔波了一整天，大家都累了，所以決定乾脆就在這裡過夜，也順便為車子充電、加水。

紅石公園佔地遼闊，說穿了就是好幾片山頭相連，我們就像是來到深山裡一樣，前不著村後不著店，整座停車場就只有兩台車。只記得剛把車子停好，開始充電，就有警察上前盤查，話說美國警察向來強勢，手上拿個強力探照燈就直接往我們臉上照過來……。

「你們有沒有人吸毒！？」

「我們共有五個大人跟五個小孩，大家都沒有吸毒，我們是來觀光的。」

「OK，那你們小心點，我接到線報這附近有人吸毒，身上還有帶槍。」警察大人講完後就逕自走向另一台車盤查，留下一臉驚恐的我們。

「有人吸毒！身上還有槍？」、「那我們不就……」車上十個人都很錯愕，一時之間不太能反應過來。後來，警察大人又向我們這一車走來。

「那一車的人在吸毒喔！」

「我警告過他們不要找你們麻煩，但你們自己還是要小心一點。」

話說美國各州的毒品管制程度不太一樣，同樣的情形，台灣人肯定巴不得警察趕快取締另一車的人；可是在美國某些州，吸毒卻是合法的，警察只能告誡他們不可傷人。眼看如此，我們當然非常害怕！但因為車子一充電就得耗上好幾個小時，

沒充完電就開車，在深山裡也很危險，所以我們只能待下來。

　　還記得那天晚上整車根本沒有人敢睡覺，放眼四下無人的深山裡，我們只能靠自力自強了，除了找塊大石頭放在門口，還拿出刀子放在身邊，那一夜實在好漫長啊⋯⋯。

　　直到第二天太陽一露臉，大概是凌晨五點多吧，我們一行人實在累壞了，但又覺得鬆了一口氣，終於可以發動車子離開了，也直到那一刻方才真正體會「溜之大吉」的痛快。

亞利桑那州：美到想讓人偷走的木化石

　　亞利桑那州是我求學的地方，我此行甚至帶著孩子們去看看我以前大學時代練習的琴房，還去了化石森林國家公園（Petrified Forest National Park）逛逛呢。

　　這座公園裡的木化石擁有非常漂亮的紅色，不像世界上其他產地，比如印尼、巴西、緬甸地等的木化石，顏色較灰暗，然而就是因為這裡的木化石太美了，據說平均每年會被「搬走」一百噸之多。

　　車子才剛開進公園，我們就被警衛人員嚴肅的表情震攝住了，他再三警告「不能私自撿走木化石」、「撿木化石視同偷竊」，這也難怪，我們這麼一台大車，要夾帶木化石實在太容易了，所以我也再三告誡孩子：「絕對不可以帶走木化石喔，這在美國可是偷竊的重罪。」

　　進去之後，大家看到滿地漂亮的木化石都非常興奮，那景象真的好美，而孩子們也確實很聽話，只能眼巴巴地看著，雙手倒是很安分，沒敢多碰。但沒想到這時阿嬤居然開口說話了：「真的不能撿嗎？車子那麼大，拿一點點應該不會被查到吧！」

公園裡可見大型且色彩艷麗的木化石。

遼闊的公園，只有入口設有管理人員，滿地可見美得讓人想占為己有的木化石，依法不得帶出。

「撿個一兩顆當紀念就好了，我們又沒有要拿去賣。」

這就是當地木化石的威力，只見素日行止規矩的阿嬤看到它，也不免喃喃自語了起來，只想偷偷帶走幾個。而我也只好再次掃大家的興，直說：「在美國，不能就是不能，沒有商量的餘地，一小顆都不能撿。」

離開前，警衛趨前問道：「你們有沒有偷拿石頭？」

「沒有。」根本沒檢查！警衛就問了這麼一句，頭也沒怎麼探進車裡看，就這樣放我們通行了，我一邊開車一邊覺得納悶，阿嬤這時又放了冷槍：「你看吧，你剛剛還不讓我拿。」

「他根本沒有檢查。」我聽了哭笑不得，但還是堅持立場，寧可做個守法的笨蛋，也不要當個懂得鑽漏洞的聰明人。人家三令五申說不可以，後續查驗並沒有假設我們是壞人，不論他們是基於自己偷懶還是無視黃種人或別的動機，對我來說，這代表的是他們的信任，這種信任很珍貴，如果大家利用了這種信任，久而久之這社會上就誰也不相信誰了。

好吧，也許我言重了，但這就是旅行的意義，出門玩一趟，不只是快樂，看看陌生世界的人情法治，也會對我們自己的社會現況有所反省。

美國也有產出
慈禧太后的最愛～碧璽

碧璽顏色多、鮮豔飽滿，又稱為電氣石。在中國，唐太宗的傳國御璽即為碧璽製作，清代高級官員也採用碧璽做為花翎頂珠，而慈禧太后則是中國最出名的碧璽喜愛者。目前，臺北故宮博物院便藏有慈禧太后使用過的碧璽珠寶。

綠藍碧璽戒，5.28 克拉（Dark Greenish Blue）。

**珠寶
達人**

李承倫「懷俄明州尋覓魚化石」。影音連結，請上 https://www.youtube.com/watch?v=68mcmT8uBho

22

紐約五大道為美國珠寶集散地，國際 CHRISTIES 拍賣公司也設於此。

別向大衣客買鑽石，
第五大道風波不斷

每個產業或多或少都有潛規則，稍加涉獵便會明白「天下沒有白吃的午餐，羊毛總出在羊身上」的道理。

大多數所謂「價廉物美」、「CP 值高」通常只是銷售話術，在珠寶這一行最能體現商場真理者，莫過於鑽石。上百年來價量控制極為嚴格，若非這體系裡的自己人，任憑再有錢、有權，你都不可能拿到好價格。

　　紐約是全世界公認最先進、最時尚的大城市，所有的與「美」相關的流行趨勢都發生在這座城市裡，珠寶自然也是。第五大道和 47 街交界處，可說是全美最大的珠寶產業集散地，許多建築物裡都在販賣或加工鑽石；蘇富比和佳士得拍賣會，以及 GIA 和一些鑑定單位也在附近。

　　就在這個珠寶重鎮的街上，穿梭著很多頭上戴著小帽子，身穿大衣的猶太人，看到時別緊張，他們不是有喜歡暴露的變態狂，而是兜售鑽石的掮客，大衣打開來，裡面都放著一小袋一小袋的鑽石，如果有觀光客看了想買，他們可能還會把客人帶往附近的大樓裡，說是直接向切磨加工廠買會更划算。

　　然而實情的確是如此嗎？我在這邊很認真地勸告大家，「請千萬別向這些掮客買鑽石」，我的好友 Carol 就是一個活生生血淋淋的例子，

紐約 47 街上的珠寶店街，常見有人在路邊兜售鑽石。

被掮客帶去買了品質極差的鑽石。

好鑽石不會在路邊，掮客之言絕不可信

「Richard 你看，這是我從紐約街上買到的鑽石，是不是很大？而且一點也不貴！」

「Carol，這鑽石品質太差，妳被騙了啦！」

「什麼！這些鑽石是我向猶太人買的，全世界最好的鑽石礦脈不都是被他們控制的嗎？」

「妳遇到的那些是掮客，他們才不是擁有鑽石的主人。」

我不忍心直接說「好醜的鑽石」，但光是說出「品質太差」，Carol 已經顯得相當失望，我也很為她抱不平。她手上的那顆 5 克拉鑽石不僅成色不佳，以這種品質來說，也根本不值她買下得的價格，

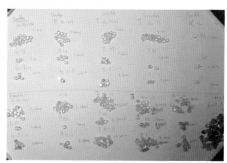

鑽石上游供貨結構緊密，採「Sight Holder 看貨人制度」，原礦交易不得議價，外人難介入（圖為分配好的鑽石原礦）。

然而一定有很多人像 Carol 一樣，並未具備一定的寶石常識，但卻在觀光時被一些似是而非的話術蒙蔽，買了一些根本不值得買的東西。

其實，也不需要真的懂很多，我可以直接告訴大家購買鑽石的鐵律：

其一：

「就算置身任何一個鑽石產業的重鎮，

就算被帶到真的鑽石切磨廠，

就算遇到街邊的猶太人告訴你有好貨，

只要你是一般消費者，

都『不可能』買到價廉物美的鑽石。」

其二：

「身為一般消費者，想要買到品質好，價格合理的鑽石，必須找位居產業下游的珠寶商。」

「與有信用的珠寶商培養感情，加強雙方友好關係，自然可以買到好價格。」

我絕對不是因為自己是品牌經營者，為了圖利自己才這樣宣稱。

我的公司採取垂直整合，珠寶產業的上中下游都涉獵，所以深知鑽石產業在價量控制上帶有很大的壟斷性，我說的購買鐵律，相信同業們也都知情。偏偏，非常多的消費者卻深信，只要跟印度人、外國人或自稱盤商的鑽石商拉攏關係，就可以買到便宜的鑽石，並且以此沾沾自喜。

而為了打破這個「迷思」，接下來，我將逐一為大家說明寶石供應鏈的現況。

鑽石猶如特許事業，散客佔不到半點便宜

不要說一般消費者，就算是新成立的品牌或切磨工廠，想要切入這個供應鏈，幾乎都是不可能的事，這個行業的結構是「每個環節緊密相連，上中下游彼此保護」的關係。這就好比，賣原料的會保護切磨工廠，鑽石礦脈掌握在幾個集團手裡，原礦挖好後，先分成幾十份，讓全世界五十家工廠優先購買，但不能議價。

假設配給一包一百萬美金，就是一百萬美金。這些工廠回去再往下賣給自己長期合作的工廠，也許價格只加 5% 的利潤，這就是所謂的「Sight Holder 看貨人制度」，全世界只有那五十家工廠有配貨權。「只讓自己人以成本價買貨，其他人只能用市場價買」就是這產業的行規，再大的利益都無法撼動。

舉例來說，A 是賣原礦的，多年來只和 B 工廠合作，如果 C 工廠打聽到 B 用 1 克拉五百美金買到原礦，心動了也想跟進，進而開出「一億美金」的訂單規模，要求 A 也用這個價格賣貨給自己，那麼其實 A 是絕對不為所動的，因為對 A 來說，長久的體系關係遠比這一億美金還重要（戴比爾斯實行此制度已經超過百年）。

紐約是全球著名的大鑽石切割中心，但由於人力成本昂貴，切割成本較高。

　　只是大家一定很好奇，A 為何這麼「乖巧」，錢擺在眼前竟然不賺？

　　因為這個 Sight Holder 體系沒有秘密，每個月都會有專人調查鑽石工廠的交易情形，任何一間公司、工廠只要被查出拋售鑽石，就會被「永久」剔除在這個體系之外，並且馬上有人迅速遞補上這個位置。想想看，這有多嚴重？如果你是「違規」的看貨人，這即意味著你從此再也沒有配貨的權利，也沒有人敢給你鑽石。換言之，這體系裡的任何一份子，絕對無人敢隨便破壞市場行情。

　　只是這個體系的影響力究竟有多驚人呢？

　　在印度，大約有上百萬的工人以切磨鑽石維生，2008 年金融海嘯後，掌握鑽石礦脈的老大把礦脈封起來，防止鑽石跌價，當市場上鑽石產量大幅銳減，上游沒有鑽石，切磨工廠沒有原料，老闆只好資遣這些師傅和工人，許多人因此走上自殺一途。所以，很多人盛讚鑽石價格不受金融海嘯影響，依然屹立不搖，這固然是事實，但這個事實背後也有很殘酷的犧牲。所以，每當有人嚷嚷自己買到了便宜的鑽石，十之八九，要不是他無法辨識出手上的東西其實品質不好；再不然就是他買到贓貨，很可能是偷來、搶來的，諸如此類來源不可靠的東西。總之，在這個行業裡，絕對

不存在「天上掉下來的禮物」這回事。

這個體系結構如此嚴密，不是體系裡的人，只能用市場價購買，如果還要賣給別人，怎麼可能用成本價去販售？而那些路邊兜售鑽石的掮客，怎麼可能是體系中人？他們就像賣黃牛票的小販，我們可以寄望會買到便宜的黃牛票嗎？

然而消費者也無需因此氣餒，向下游的珠寶業者買鑽石，還是可以用合理價買到「好貨」，買到好貨的重要性絕對比「成本價」重要。鑽石的產業體系縱然嚴苛到外人難以介入，但是嚴苛亦有其好處，那就是絕對的價量控制，讓鑽石行情更加穩定，買一顆大一點的好鑽石，只要放的時間夠久，自然可以漲價，這絕對不會是一個錯誤的投資。

大家只要明白這件事情的殘酷之處，就算無法撼動它，但至少也要懂得保護自己，從規則、鐵律中找到出口。

綠色彩鑽

綠鑽石本來只是深藏於地底之下的無色鑽石，藉著火山爆發等地殼運動被帶到地面，因為輻射作用而顯綠。因為非常稀少，鑑定綠鑽的色彩來源尤其嚴格複雜，國際知名鑑定所在鑑定綠鑽時，常常需要半年以上的時間。而拿到原礦的鑽石切磨廠為了證明綠鑽渾然天成，打磨綠鑽時都往往特意保留部分天然原石表面，因此綠鑽的淨度大多不高，也較不要求。

綠彩鑽戒 Fancy Yellowish Green VS2 GIA，2.00 克拉。

珠寶達人 李承倫「女人要有錢 ✕ Gem Hunter _ 彩鑽篇」了解更多，
影音連接請上：http://www.youtube.com/watch?v=knOtVR4nwBw

SOTHEBY'S AUCTION

鑑價力連專家也折服～
我是蘇富比信賴的徵件常客

不論從事那一個產業，價值判斷永遠都是最難也最重要的關鍵，我之所以能夠成為蘇富比多年來的徵件常客，就是因為我能辨識珠寶的核心價值，不只滿足他們的需求，還能令他們驚豔折服！

　　我經常參加蘇富比舉辦的拍賣。

　　事實上，我不只是蘇富比的客人，也是他們的徵件來源，雙方已有超過十年的合作經驗。某一次蘇富比的專家 Jimmy（化名）向我徵件，看中了一對藍寶石耳環，但當時因為那對耳環才剛從礦區買回來並且剛鑲好，尚未送交檢驗開立證書，所以讓 Jimmy 很是猶豫。

　　「還沒開證書，之後要怎麼賣？」

　　「我來看看……嗯，其中一顆顏色像來自錫蘭；另一顆則像是來自馬達加斯加的藍寶石的內涵物。」

　　「李總，你只看了一下就可以確定？」Jimmy 半信半疑，雖然他知道我的實力，明白我確實有「識石之明」，可是我當場不靠任何機器，用肉眼馬上看出答案的模式，還是讓他不免遲疑。

後來，Jimmy 立刻送那對耳環去檢驗，一個月後，瑞士方面開出證書，結果確實與我說的一樣，其中一顆藍寶石來自錫蘭，另一顆來自馬達加斯加，這是第一次在拍賣會上出現一對耳環上的寶石分屬不同產地的拍賣品。這大概就是 Jimmy 對我青睞有加的原因，因為我總能帶給他驚喜！

惺惺相惜，靠鑑價實力結交知音

和 Jimmy 認識久了，彼此都覺得對方是寶石收藏界難得的知音，為了互相切磋觀摩，我們經常玩「估價遊戲」。當他來徵件時，常會讓我瞧瞧幾件寶石，只許用肉眼看卻不許查資料；接著再拿出兩台計算機要我按價格，他自己也私下按出一個數字，但通常我們兩個人按出來的價格都是差不多的。

不只他嘖嘖稱奇，我也對自己的估價能力感到十分驕傲，蘇富比是一間已有 2 二百七十幾年歷史的跨國公司，它們的徵件專家都是學有專精的名家，在業界更是

2016 赴瑞士 SSEF 寶石學院與大師 Prof. Henry A. Hanni 深造

具備公信力的頂尖寶石學家，能和他們過招卻也絲毫不遜色，實在不枉我這麼多年來的自我鍛鍊。

很多人都可以學習珠寶鑑定，但是珠寶的「價值鑑定」卻難以學習，全世界有太多種類的寶石，種類之中還有層級之分，單是從學術上要通曉寶石學、礦物學、地質學，就已是不低的專業門檻；遑論再加上礦區情勢與各級市場的

脈動等，甚至還有美學設計的優劣與歷史鑑別等，能夠對這些層面資訊都瞭若指掌，正確判斷出寶石的價值，那需要多長的時間投注心血去鑽研？

識途老馬，成功買下被低估的珍寶

「先生，你確定要買下這個戒指？」

「是的，我要買下它。」

在歐洲某個私人藝廊，當我表明要買下擺在櫃子裡那個既沒有證書，成色也要黃不黃，切工更是不好的 26.99 克拉黃鑽戒指時，藝廊人員的表情都顯得有些遲疑。

是的，我知道這個戒指在很多人眼中都不討喜。

那不僅是一顆老鑽石，甚至還採用了老礦式切割（Old-mine Cut）來鑲嵌，若以現在的眼光來說，的確是切得很醜，以至於顯得寶石顏色太淺又漏光，折射率相對很差，導致明明是鑽石，看起來卻像是水晶，十分可惜。以如今切磨鑽石的標準而言，大家都喜歡亮晶晶的東西，那顆黃鑽戒的光芒和顏色看起來很暗淡，確實沒有人會想買。但我卻很喜歡，因為這一類型的寶石歲數至少都超過兩百年了，十八世紀的切磨方式能好到哪去？兩百年前的切工不好，機器轉速很慢，現在的機器一天可以切五到十個鑽石，但過去一個寶石的切磨要花好幾年的時間，所以鑽石非比尋常的亮。

以這個黃鑽戒來說，兩百多年前的 26.99 克拉鑽石，除了王公貴族，沒有人能擁有這樣的東西，這麼大件的寶石，極有可能得花上切磨師傅得大半輩子的時間去仔細打磨、拋光；戒台也可能經過大費周張地設計，而這就是我認定的價值所在！這是一顆可用藝術品規格來對待的寶石，是切磨師和戒台設計師用生命完成的「作品」、「藝術品」。

反觀現在，坊間根本不可能還有這樣的東西出現，從「收藏」的角度來看，我感激這樣的切工都來不及了，哪還會在乎它有沒有「八心八箭」，面對這樣的古董

珠寶，根本無法用世俗眼光來衡量。

　　然而在歐洲私人藝廊裡採買這類東西，風險很大，因為藝廊也許懂古董，但多半不懂珠寶，能夠提供客人的珠寶關鍵資訊很少，很可能單是針對寶石的顏色就說不出所以然來，也或者就是他說了算！尤其是幾百年前確實沒有「鑑驗證書」這回事，顧客單憑自己的判斷與對商家的信任，往往只能買下後再能送驗，這也是古董交易經常惹出爭議的癥結。

　　每個產業都一樣，有些機會只給識途老馬。我看得出這顆黃鑽戒有很大的市場潛力，於是當時毫不猶豫地買下，之後送去檢驗，證書一開出來，這顆黃鑽的顏色是「fancy yellow」，我交給 Jimmy，他一看就非常喜歡，後來也果真以很高的價格在蘇富比成功拍賣出去。將近 30 克拉的重量，圓形的黃鑽，也破了當時的紀錄。

　　判斷價值只能憑直覺，而直覺來自功力的累積，有人問我靠什麼賺錢，我通常回應是靠眼力，想擁有這樣的一雙眼睛，模仿是不夠的，必須擁有栽培自己的豪情壯志和心胸格局才行，畢竟一個太過短視近利的心，是永遠無法看清事物真正的價值。

老礦切工 Old-Mine cushio cut

The Old-Mine cushion cut（老礦切工）被認為是本世紀鑽石切割的轉變，這種切割型約從 1830 年開始一直到現在，可以說是 Brilliant cut 明亮式切割的前身。The Old-Mine cushion cut 老礦切工與現在常見的 Cushion cut（墊型切工），從技術上來講，是矩形輪廓和圓角的修整。

古董白鑽戒，3.50CT。

近期復古風流行，使得這些古老切工的鑽石回到珠寶市場，一如其他舊式鑽石，老礦式切割的鑽石在外型上有別於新式切割的鑽石，主要原因在於當時沒有精密的機械，工匠們是以純手工切割鑽石。故此每一顆鑽石都獨一無二。

黃鑽戒，13.11 克拉；Fancy Yellow GIA 黃鑽套鍊，48.24 克拉 GIA。

SOTHEBY'S AUCTION

拚眼力也練嗅覺：
到蘇富比拍賣會上一堂市場課

想要做全世界的生意，就不能只放眼台灣；想要掌握趨勢，就要前進最頂級的市場。想在珠寶界練功的朋友，我常建議他們到國際級拍賣會去開開眼界，我這十幾年來所累積的眼力和市場嗅覺，就是拜蘇富比拍賣會所賜。

「李總，你平常除了要經營品牌，還得深入礦區採買寶石，行程已經這麼忙了，為何還要跑國際級的拍賣會？」

這是一個我常被問到的問題，很多收藏家朋友對於我馬不停蹄，熱衷參與國際上各大拍賣會的行徑始終不解，總愛纏著我問，為何諸事纏身卻還非去不可？

是為了買到千載難逢的好貨？這麼說不算錯，但還不夠全面。在一個國際級的現場買東西，我得到的絕不只是難得一見的寶石，尤有甚者，就算可能什麼也沒有買到，卻仍舊得親自前往。只因這樣的拍賣會，正是磨練眼光與培養市場敏銳度的最佳場域。

頂級珠寶拍賣會預告市場趨勢

有緣相聚，一顆藍鑽牽起友誼橋梁

有一年在紐約的蘇富比拍賣會上，我提供了一顆粉紅鑽去拍賣，到現場時，我除了關心粉紅鑽的拍賣情況，也認真看了目錄上還有哪些寶石值得出手買下。

當時，我很喜歡型錄上的一顆藍鑽，不僅勾選了它，更經常停在那一頁端詳個不停。但隨著拍賣會開始，一個又一個拍賣品陸續起拍，時間漸漸靠近，突然有人走向我，我們開始攀談了起來……。

「嘿，你喜歡哪一顆？」

「我想拍那顆藍鑽。」

「我也是耶，我覺得那顆藍鑽機會很大。」

「好，那我們就一人一半吧！」

「Sure！沒問題！」

他是買家 Mark（化名），知道我具備拍賣官的身分，也經常在各大拍賣會看見我，豈料那天竟會忽然湊上前來跟我攀談，我心裡有點驚訝，但基於自己對眼力的自信，所以便趁機把握機會邀他一起合夥，他也答應了。那時候我心想，這顆藍鑽起拍價是二千萬元，要是競標到三千萬，那麼我和 Mark 一人出一千五百萬也很划算。

而就在距離正式拍賣這顆藍鑽前的半小時，又有一個人一直盯著我瞧，當我翻到藍鑽那一頁時，他也開口了：「你喜歡那一顆？」

「是啊，我很看好這顆藍鑽。」

他是另一名買家 Maurice（化名），雖然我們不認識，但他看到我在型錄上勾選那顆藍鑽，覺得我可能和他「英雄所見略同」，所以便與我聊了起來，後來他就加入我和 Mark 合夥競標的行列。一直到那顆藍鑽正式拍賣前，共計有四個人與我合夥，加上我一共是五個人，大家一起分攤這顆鑽石的獲利，由我代表競標。

一葉知秋，頂級拍賣會預告市場趨勢

這麼多臨時合夥人要加入我的競標，這代表什麼？

來到這種頂級拍賣會現場並且實際出手競標的人，絕對都不是等閒之輩。在這四個人之中，有兩個人認識我並且知道我的來歷，知道我的身分之一是拍賣官，可見我在業界的所作所為是大家有目共睹的，好名聲也確實傳了出去，這些與我不過只是點頭之交的人，竟然願意臨時起意與我合夥。

另外兩個完全不認識我的人也來找我合夥，這層意義更重大了，這代表我的眼力夠準確，他們也許對這顆藍鑽有點心動，但還不夠確定，看到我這個陌生人直接拿筆在型錄上勾選這顆藍鑽，於是乎加深了他們的信心。

後來，我也的確沒令大家失望。我一看到這顆藍鑽，就知道它未來很有潛力，第一個直覺是「它的實力應該是起拍價的三倍」，最起碼值三、四千萬元，如果最後是用五千萬標到，都算值得，因為這顆寶石將來的價格絕對遠高於這個價格區間帶，我相信其他合夥人也有這個預期心理。結果，這顆鑽石最後以六千萬元標出。

當下我深感驕傲，因為我的眼光奇佳，這顆藍

國際拍賣會，是收藏家磨練眼光的最佳場域。

鑽真的以起拍價三倍的價錢結標。

此外，另一個有趣的插曲是當天拍賣會上的一頂小皇冠。我本來想標下它送給女兒當國小的畢業禮物，一般的皇冠我沒有興趣，因為多半都是女王戴的，但那一頂是 tiara 公主皇冠，外觀特別小巧精緻，深得我心。

小皇冠的起標價是兩萬元美金，我從兩萬元美金開始競標，最終的結標價竟來到十六萬元美金，足足是起拍價的八倍，而那一次，我舉到三萬五千元美金就放棄了，雖然心裡有點遺憾，但也覺得驚喜：「自己的眼光真的很不錯。」

除了練眼力及證明魄力，來到頂級拍賣會也等於是上了一堂無價的「市場趨勢課」，知道什麼東西賣不掉、什麼東西大家都在搶，或是哪些東西價格不動如山等，拍賣會上的動態對於整個珠寶市場趨勢來說，絕對稱得上是「一葉知秋」，頂級拍賣會怎麼走，市場走勢大致也是如此⋯⋯。

而我的眼力，就是經由多年來勤跑全世界的拍賣會學習、鍛鍊來的，我始終深信一個道理：假如自己販售的品項，流通範圍是全世界，那麼我的腳步和眼光就不能只侷限於台灣一隅，畢竟「只窩在台灣練功，要如何賺到全世界的錢？」

雙色遊戲～變色龍黃彩鑽
Chameleon Diamond

寶石，也會變色！
目前，只有極少數鑽石被鑑定為可變色，
非常罕有，更加神秘迷人。鑽石裡的黃色來
自氮元素，造就黃鑽如豔陽的光彩。橘鑽的顏
色組合則介於紅色到黃色之間，橘色出現的
成因與黃色相若，而變色龍彩鑽 Chameleon
Diamonds 則隨著明暗與溫度高低，改變其本身的色彩，非常特殊。

變色龍黃彩鑽鑽石戒 3.20 克拉（Fancy Brownish Greenish Yellow VVS2 CUSHION）

歐洲篇

歐洲夠文明了吧，但在這裡做寶石生意，風險卻不曾稍減。

買原礦可能傾家蕩產；買琥珀可能得吃牢飯；下重本參展可能一無所獲，

然而獨門生意的利基點就藏在這些風險裡，

歷險歸來的人，才能對珍稀寶石的價值有真正的體認。

25

琥珀礦區的瞭望台。

RUSSIA

被黑手黨控制的琥珀，
俄羅斯深不可測

前往礦區，旅途驚險、艱辛只是小意思，什麼都沒買到、沒看到，吃
點閉門羹也是常有的事，但可別以為這是損失喔，有時閉門羹也是一
種收穫，就像這趟俄羅斯之行，便是一例。

「Stacy，上個月那批琥珀什麼時候出得來？」

「Richard，下星期就有消息囉，再等一下。」

每當我想買俄羅斯的琥珀時，總是透過 Stacy，她是我們在立陶宛的生意夥伴。
立陶宛是所謂的「波羅的海三小國」之一，因為從俄羅斯出口琥珀相當困難，所以
我們必須透過生意夥伴協助，Stacy 認識的立陶宛商人，將俄羅斯的琥珀出口到立
陶宛後，再轉而出口給我。

但是我對於這種間接的方式始終存疑，
因此早在十幾年前就乾脆自己親自跑了一趟
俄羅斯。俄羅斯的克里寧格勒（Kaliningrad，
或譯為加里寧格勒）是著名的琥珀之都，那
裡有全球規模最大的琥珀加工廠，而我去俄
羅斯，就是為了拜訪這座工廠。

荒涼的俄羅斯礦區

波羅的海的海岸邊挑選與海草纏繞一起的琥珀。　　　　克里寧格勒車站。

「海珀」大本營，琥珀之都克里寧格勒

　　克里寧格勒雖然屬於俄羅斯國土，但實際上並不在俄羅斯本國境內。克里寧格勒位於波羅的海旁，緊鄰的國度其實是立陶宛和波蘭，我們當時就從歐洲城市一路坐火車直抵克里寧格勒。沒想到慕名而去卻吃了一大碗閉門羹，隸屬俄羅斯國營的琥珀加工廠拒絕了參觀申請，而且毫無一絲商量、溝通的餘地，我們最後只能在工廠外圍，隔著一段距離偷偷摸摸地拍照，看幾眼他們工廠運作的樣子。

　　可是此行也並非全無收穫，因為在波羅的海周邊岸上就能撿到琥珀！我當時在克里寧格勒的海邊撿得非常興奮，回國後還送給公司同事們一人一個。

　　想問我興奮什麼？想想，在這塊琥珀歷經三千五百萬年的旅程後，我竟是第一個撿起、擁有它的人，這是何等珍貴的緣分啊！

　　琥珀是樹脂經過三千五百萬年石化後的產物，形成石化後重量變得很輕，它的內部是空氣和水，可能還有昆蟲，我一直認為它是一種時空膠囊，紀錄地球上

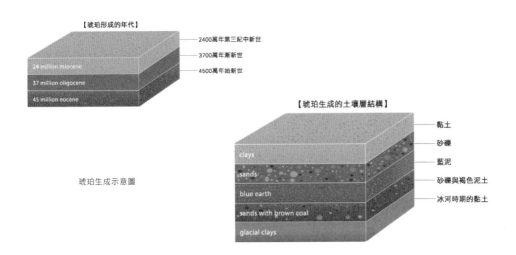

【琥珀形成的年代】

—— 2400萬年第三紀中新世
—— 3700萬年漸新世
—— 4500萬年始新世

24 million miocene
37 million oligocene
45 million eocene

【琥珀生成的土壤層結構】

clays
sands
blue earth
sands with brown coal
glacial clays

—— 黏土
—— 砂礫
—— 藍泥
—— 砂礫與褐色泥土
—— 冰河時期的黏土

琥珀生成示意圖

三千五百萬年前的種種。當年，波羅的海應該是古樹林，或許是經過地殼變動才變成海。正所謂滄海桑田，琥珀也因此被壓在海底之下。

目前全世界就只有波羅的海還有「海珀」，這些海底的琥珀會和一些海草、樹枝、砂石混在一起，當強勁的海浪捲起這些海裡的雜質並拋向岸邊，捲在海草中的琥珀就會慢慢地漂到沙灘上，所以我才能幸運地在海邊撿到它。

黑手黨把持原料，俄羅斯出口琥珀風險高

雖然這座加工廠隸屬政府，但是俄羅斯的琥珀原料大部分是俄羅斯的黑手黨把持，說得更直接點，國營企業裡頭就有黑手黨。可想而知，琥珀的價格泰半都是被控制的（而非市場自然波動），因此從十幾年前到現在，琥珀原料的價格足足漲了五倍。寶石同業或許都聽聞過，想和這些俄羅斯人做生意不只要靠「關係」，還得付他們「佣金」，買貨價格更是隨他們開。

本件俄羅斯琥珀墜中含有美麗的
琥珀花，溫潤晶瑩如金色陽光。

如果你以為只是這樣，那倒也罷了，最令人膽寒的是，這些俄羅斯人隨時都可能找你麻煩，要不是任意斷貨，就是讓你吃上官司。

我有個朋友曾經出口俄羅斯琥珀到中國，進出海關時被檢舉，說他故意「少報出口貨量」，中國政府因此對他開出了一千五百萬人民幣的罰款，但實際上就算把整批琥珀全賣掉也賺不到這麼多錢，不止如此，更慘的是他因此被關入監牢，一關八年，至今還未釋放……。

我也聽過出口琥珀的商人，因為貨料裡被放了「東西」，所以在出關時被逮捕，後來更被判了很重的刑責。總歸一句話，這些人若想要害你，絕對不愁沒有方法，我的這位朋友並不算特例。

當然有時候也未必是這些商人得罪了俄羅斯人，中國這幾年把琥珀的價格炒得很高，也許和俄羅斯之間已經開始有些利益衝突，所以就會產生這種黑吃黑的事情，做出口的商人只是不幸淪為兩方勢力惡鬥下的犧牲品。

閉門羹也是收穫，不到現場就無第一手資料

還記得那一次到俄羅斯，除了想證實先前聽到的傳聞。畢竟過去很多人都在說：「在俄羅斯出口琥珀很難……」，但是我的個性就是眼見為憑，非要自己親自跑一趟才相信那是真的。其實這就是我一直勤跑礦區的意義，不只是買到價廉物美的寶石而已，親眼見到寶石原來的樣子，才是最珍貴、最真實的。

只是到礦區買寶石真的比較便宜嗎？我當然不否認這種可能性，畢竟偶爾的確會碰巧遇上礦區正好挖到大件寶石，有便宜可撿。可是若沒有在當地住上幾個月，怎麼可能讓我等到「偶爾」礦區剛好挖到大件寶石？這個代價，也不便宜啊！

更重要的是，到了礦區才會知道寶石怎麼處理？產量有多少？真的如想像中這

麼貴嗎？亦或者已絕礦，很多寶石根本就是合成和處理過的？的確過往有這樣的例子，寶石在礦區經過合成處理後再賣給大家，過了幾年後大家這才會發現，那些貨不是真正的天然寶石。

俄羅斯博物館中的雕刻師父。

　　說真的，寶石鑑定的技術和偽造技術，就像連續劇中的邪和正的對抗。如果偽造的技術勝過鑑定技術，那麼很抱歉，所有處理過的寶石，都會被認為是天然的——這也是為什麼我勤跑五十多國礦區研究的原因。

　　而親自到礦區現場看，親自和當地礦主、商人甚至礦工打交道，建立關係，才會知道寶石的來龍去脈，包括有關於寶石在過去、現在、未來的所有來歷。如果所有的資訊都不是第一手的，我要怎麼判斷寶石真正的價值？如何給客戶真正可信的資訊？經商和世間所有事情的道理都相同，沒有徹底深入經營，何來獨門生意可做？

大時代的洗禮 — 突飛猛進的琥珀工藝

溫潤的琥珀自古即備受喜愛，特別至十六至十八世紀晚期達至巔峰。當時歐洲各國在海外擴張強權，整個歐洲在大時代的氛圍下，更顯奔放與奢華，人們紛紛將具有溫暖色澤的琥珀訂製成富麗堂皇的藝術品、生活用品之上。

社會需求的迅速增長刺激了當代大師對琥珀工藝的追求，無論是浮雕、鑲嵌技術都有極大的進步。在傳統的工藝基礎下，結合新的工藝技法，並大膽挑戰異材質的結合，創造經典的傑作。

琥珀蜜蠟鐘

26

安特衛普鑽石交易中心

憑實力也賭運氣～
比利時鑽石原礦拍賣會

想到鑽石，人們腦海中浮現的是優雅美麗的精品廣告、專櫃陳列；但
鑽石原礦交易的現場，卻是個競爭激烈的殘酷世界。

一失手就得賠上身家，這個殘酷的現場卻始終熱絡，大家都想來這裡
找機會，一個轉機就可以讓人攀上高峰，也可能將你推入無底深淵。

「Richard，這是我先前去比利時玩，順便買的一些鑽石，你幫我看看。」

「江太太，這些鑽石其實淨度和等級都不太 OK 耶……」

「什麼！」

江太太是我的朋友，看著她沮喪的臉，我實在不敢多說什麼。很多人都和她有
一樣的經驗，以為在比利時這個鑽石加工重鎮可以買到價廉物美的好貨，卻不知那

些加工廠大多是賣給觀光客而不是專業人士，
所以鑽石的淨度和等級都很差。事實上，比利
時是目前全世界最大的鑽石原礦集散地，不管
是非洲、俄羅斯、澳洲或中南美洲等等，挖到
鑽石都會送比利時做「原礦拍賣」，並非送到
此地來加工，兩者大不相同。

比利時拍賣的鑽石，就這樣一格格放在類似釣魚盒的
盒子裡。

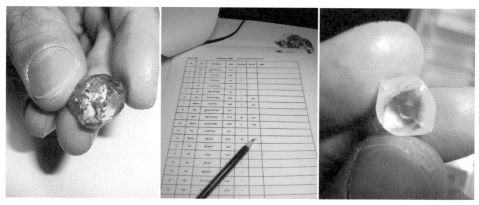

這顆原礦切下去剩多少克拉？競標填單的買家一次次的盤算著……。

　　鑽石原礦拍賣是個相當專業的世界而且競爭激烈，既靠實力也憑運氣，就算經驗豐富的行家，很會一個不小心就賠個血本無歸。不過，即使這麼殘酷的交易，每年還是會吸引許多業界人士前來，我也不例外……

買成品是優雅的，買原礦是殘酷的

　　正式拍賣前的預展，鑽石原礦會被逐顆放進形狀類似釣魚用的工具盒裡，外觀看起來並不高級，參加拍賣的人一邊看著預展的原礦，一邊選自己想買的石頭並標記著：這顆石頭切下去會剩多少克拉？怎麼切比較適合？淨度大約能達到多少？能夠賺多少？最糟會賠多少？

　　所有填單者的腦中都在盤算這些問題……

　　即使沒人能保證原礦切割後將如何，比如綠鑽的原礦看起來就像柏油的顏色那樣黑，切下去會不會是美麗的綠色？綠色比例又有多少？喊價時人人狀似兇狠，每當有很多人競標同一顆原礦時，為了要得到它，眾人便會失去理智，揹上更多風險，渾似一場的豪賭。

於安特衛普的鑽石切磨公司內，比利時鑽石加工業歷史悠久。

待如願買到原礦後，後續的加工又是另一個重點。

我曾經買到一顆很美的粉紅鑽，顏色很濃，拍賣時是從十八萬美金起價，一路上漲，最後我以二十八萬美金標到。面對這麼美的粉紅鑽，我一直想著該如何完美的呈現，她原本是 3 克拉，經過切割成水滴型後，變成 Fancy brownish orange pink，克拉數為 2.6，淨度 VS，其實已經逼近完美，但我還想再修飾，於是聯絡切割師，要他再繼續修。

沒想到第二天，他突然打電話給我。

「李總，你要坐好喔，我要告訴你一件事。」其實看到他的來電顯示，我心裡就有準備了，這絕對不會是好事，他只有壞消息會找我，上一次接到他的電話，他說，切到一半，寶石被機器碰飛了，工作室裡遍尋不著。

「有什麼事嗎？」

「那顆石頭我修了，它裂開了，(淨度) 變 I 了！」聽到這句話，我覺得我的心也瞬間整個裂開了……

只是想要再修一下，就只是那一下下而已，這顆鑽石就這樣裂了，雖然它的顏色還是很美，但是淨度一下滑，市價就從一千多萬掉到二百萬！昂貴的寶石價格一

且下滑，差別更大，如果只是一顆市價十萬的寶石，淨度 VS 變成 I，也許是十萬變成五萬，但我的粉紅鑽卻是從一千多萬變成二百萬。

市值轉眼蒸發，收藏寶石也磨練心性

粉紅鑽本來就容易在加工階段出問題。在地底下一百到二百英哩的地方，當火山噴發，地層被推升，鑽石的晶格就會錯位，從而產生出粉紅色的鑽石。因為粉紅鑽原本就晶格錯位，經過加工，如果切割位置不對，就會產生裂痕，最著名的案例就發生在知名的鑽石礦區阿蓋爾（Argyle），曾經有一顆原本 12 克拉的粉紅鑽，切割後變成碎片粉末，整件事讓整個寶石圈都聞之悚然。

除了粉紅鑽，我的另一個寶石切割「慘案」是一顆 5 克拉的黃鑽，原本她的顏色級別是 Fancy Intense yellow，一加工就變成零；市價四百萬的寶石瞬間跌成零元。所以送寶石去切割，依然是在賭，因為最後可能就是一場虛幻。

該說寶石買賣像是一種豪賭？還是要以「風險」來稱呼這種不確定？我也分不清楚。很多人以為寶石商人擁有很多寶石「一定很有錢」，卻不知道這些財富可能在下一次豪賭中就化為烏有。

在這一行歷練久了，我學會不

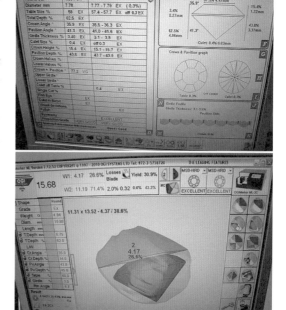

SARIN 是專門在鑽石切磨前，協助模擬最佳切割運算的設備。

再將錢看得太重，因為錢都在寶石上，它們有可能從一千萬變成二百萬，我得學著面對這種事實，同業也是。這行業看似光鮮亮麗，然而很多人一賠就是全部身家，沒有人是永遠的贏家，即便是老手，還是會犯錯。

我在買寶石時，常常是 by heart 而不是 by brain，正因為用心愛石頭，而非以金錢衡量計算，所以，我並不會怨恨那些貶值了的寶石，它們在我眼中依舊很美、很獨特。雖然很多人都說：「Don't fall in love with your diamond.」因為對寶石用情過深，她們就會變成「收藏」，一輩子賣不掉了。即使如此，我還是愛它們，就像是當你看到一個人的內涵和本質時，外在條件似乎也就不再那麼重要了！

不說您不知道的原礦拍品密碼

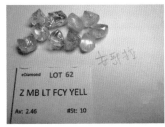 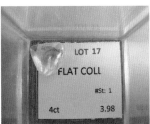 

Z - Z 以內顏色 (不會是彩鑽)
MB - 不須切割，可直接磨
LT - LIGHT
FCY - FANCY

YEL - YELLOW
FLAT – 薄，可磨玫瑰車工
COLL - 收藏級的優質鑽石
MB – 不須切割，可直接磨

FCY - FANCY
CLD - COLORED
Gr - 重量單位，0.25 克拉

珠寶
達人

李承倫「女人要有錢 X Gem Hunter_彩鑽篇」了解更多，
影音連接請上：http://www.youtube.com/watch?v=knOtVR4nwBw

BASELWORLD IN SWITZERLAND

當國旗升起～
感動說不完的巴塞爾參展初體驗

2014 年開始，我帶著自家品牌參與巴塞爾國際鐘錶珠寶展（Baselworld），這無疑是個里程碑，象徵我的自創品牌真正邁向成熟與國際化。在這個過去從未看見華人品牌的頂級盛會裡能夠佔得一席之地，其象徵意涵不只是品牌本身，對國家而言，無異也是一份難得的榮耀。

　　瑞士的巴塞爾國際鐘錶珠寶展向來是全球珠寶界規模最大、最重要的年度盛事，遍布全世界的知名收藏家、買家與相關學者都會在展期內出現，因此，各大知名珠寶品牌無不全力以赴，競相在盛會上發表最難得、最頂級的品項。也就是說，能夠參與這個盛會，足以代表該品牌擁有一定的代表性與地位。但很可惜的，在這場盛會裡很少看到臺灣和中國品牌出現，直到 2014 年，我帶著自創品牌「侏羅紀寶石」，欣然赴會⋯⋯。

　　從美國返台創辦珠寶品牌已有十幾年，我們持續遠赴海外參展。直到 2013 年，我終於覺得「時候到了」！心想既然那麼多的品牌都從

法國雙年展或巴塞爾珠寶展中崛起，已經創辦十餘年且不乏海外參展經驗的「侏羅紀寶石」實在沒道理不參加，於是，我們鼓起勇氣，把準備好的資料送交審查，而在得知通過審查的那一瞬間，感覺還真像是在做夢！

巴塞爾珠寶展的參展門檻極高，雖然全世界的珠寶同業都視其為殿堂級的存在，然而若事前準備功夫做得不夠，任誰也不敢冒然叩關。

滿足最挑剔的眼睛，首次參展即備受青睞

因為參展費用昂貴，單是一個攤位（booth）的租金就是十萬美金，若想要更大坪數的攤位面積，花費就更驚人了（通常廠商一參展就至少得花上千萬元），更何況還有隨行工作團隊的種種支出、裝潢攤位的費用等；再者，參展前還得送件審查，不是付錢就能參加。至於送件資料包括所有品牌營運的細節、品牌負責人的簡歷、公司實際員工數、營運項目等，主辦方從不輕易釋出攤位；最後，花了那麼時間心力通過門檻，但參展時還必須面對「強敵環伺」的壓力，畢竟左右鄰居可能都是國際間數一數二的大品牌，自家聲勢若無法成功突圍，那麼便很可能會毫無斬獲，甚至不敷成本……。

細數這些挑戰，我自是心中有數，既敢登上大舞台，當然要拿出壓箱寶來禦敵！而回想 2014 年，我首次參展的成績，便足以證明我們確實有令收藏家和同行驚艷的實力，除了參展期間陸續獲得來自法國、美國、俄羅斯、義大利等多國媒體的爭相報導之外，很多狂熱而專業的珠寶愛好份子、收藏家們，都走進侏羅紀的攤位致意，就像 Mrs. Johnson（化名）。

「我可以拍攝您的那件作品？和您一起合照嗎？」

「我很愛寶石，可是從來沒看過這麼漂亮的設計，竟然是來自臺灣！」

「我站在外頭看了好久，整個人都看傻了，真的很感動！」

Mrs. Johnson 原本只是站在攤位外盯著玻璃櫥窗看，我們的工作人員請她入內

參觀，一開始她還很客氣地婉拒，顯得很不好意思。但過了十幾分鐘後，她終於忍不住踏進攤位，直接問我能否站在自家珠寶前和她合照，並且不斷地說「好感動」、「很驚訝」，很多初次認識的藏家、客人也直誇「侏羅紀寶石」，讓我們整個團隊都覺得非常振奮！

而其中讓我最驚喜的肯定，則來自 GIA 紐約總監王五一博士……。

美麗而神秘的花鑽，連 GIA 也不知來歷

巴塞爾珠寶展的主辦單位在展出期間也舉辦盛大的珠寶學術研討會，與會上自然是冠蓋雲集，各大品牌高層、聲望卓著的寶石或礦物學者都會應邀出席。那一次我不只參展，也參加研討會。我坐在台下，遠遠地就瞧見王五一博士進場演講，一如以往，他身邊總有很多前來致意、主動攀談的人。

我並不想靠近他去湊這個熱鬧，一心只想，夾在這麼多攀談的人裡頭，就算說得上話，他也未必能夠多聊，於是就乾脆直接找個位子坐下。

不料，王五一博士竟然從台上走下來，親自和我握手致意！

「Richard，您好！」

「請問您們櫃上那些花鑽（Flower Diamond）是哪裡來的？」

「我們鑑定所這麼多年來極少看到花鑽，這款設計還真是漂亮啊！」

首次參展若不下重手，自然很難被記住，而無論是多麼貴重的粉鑽或藍鑽，在我看來都不夠稀奇，於是我決定拿出「花鑽」，這些鑽石裡頭的氫或碳原子或石墨完整地排列成花朵狀，看來就像鑽石

與王五一博士合影。

裡面開了一朵花。

　　參展前，我估計世上可能沒有幾個收藏家見過這樣的鑽石，但萬萬沒想到竟連全球最權威的寶石鑑定機構 GIA 也來向我詢問它的來歷；像王五一博士這樣地位崇高的學者還因此主動與我寒暄，那一刻，我覺得自己的虛榮心完全被滿足了。

　　參展期間，另一個意外的插曲可能比我個人的虛榮心更重要。

　　「先生，這是我們為你們準備的國旗，可以插在大會堂前面。」

　　「巴塞爾珠寶展上從沒有看過這面國旗，您們是第一個！」

　　主辦單位特地為我們準備了一面中華民國的國旗，拿到那面國旗，我突然覺得自己感到無比驕傲。

　　創業十幾年，我總認為是為自己、家人和員工而努力，沒想到有那麼一天，我的品牌也可以代表國家，在海外被看見、被肯定，在國際的舞台上佔得一席之地，這真是一種榮耀！

　　總之，不論經營哪一種事業，永遠不要瞧不起自己，一心朝著想要的價值去努力，也許回報來得很遲、很崎嶇，但請相信終有一天必然會有意想不到的收穫與影響力。

瑞士頂級工藝 Swiss Excellence

瑞士十分注重工藝的精神，做就要做到極致．所以鐘錶，精密機械技術聞名世界瑞士的鐘錶價值，建立於日內瓦長年的藝術基礎，包括琺瑯彩繪、珠寶鑲嵌、精工雕刻、機刻圖紋等美學技術，在現今機械生產的世代下，瑞士頂級精緻而繁複的手工，突顯質感與獨特性的堅持，依沒有動搖。

Bruno Higgins 紫水晶黑曜石擺飾雕件，此件紫水晶麻雀與黑曜石擺件是由一位來自瑞士的新興礦石雕刻家— Bruno Higgins 親手打造而成的，他運用天然的紫水晶麻雀與黑曜石，這種一般大眾難以想像的搭配，卻格外的耀眼奪目，是一件值得收藏或送人的雕件擺飾！

其它篇

「成功」的迷人不在於光環，而是背後的所有曲折。

所以我寫下創業的點滴，毫不掩飾曾經的平庸與挫敗。我想告訴所有人：

平凡的起點、挫敗的經驗都不足為懼，決定輸贏的關鍵在於如何看待自己。

當你無怨無悔地實踐自己的選擇，便已是個贏家。

JUST DO IT

為了爭口氣，
創立「珍藏逸品」提升格局

商場上，很多人都盡力避免失敗，避免發生壞事，然而每次的失敗與每件壞事其實都有值得學習的部分，甚至是自我提升的契機。

2011 年，我在各方看壞之下創辦了「珍藏逸品」珠寶拍賣會，現在看來，成果其實相當豐碩，彷彿就是順理成章的發展，殊不知，這場拍賣會其實衍生自一個讓我刻骨銘心的打擊⋯⋯。

　「你已經擁有了一個品牌，為什麼現在還想自創拍賣會？」

　幾年前，當我動了自創拍賣會的念頭，身旁很多友人得知後，第一時間都是這個反應，覺得我真是瘋得有夠徹底！

　確實，經營珠寶品牌實屬不易，再創一個拍賣品牌更猶似天方夜譚，尤其是我背後毫無企業集團的資源挹注，一切全憑我和員工們的努力；何況，拍賣有其需要的專業知識和營運條件，懂得經營珠寶品牌，不見得就能經營拍賣會；更遑論市場上幾個百年拍賣公司，都不敢在台灣舉辦拍賣⋯⋯

　　這些我都了解，但是經營拍賣會的源起，並非我刻意做出驚人之舉。如果當年沒有先被拍賣公司擺了一道，如今也就沒有「珍藏逸品」這個拍賣品牌了，而這一切得從那個讓我痛定思痛的挫折說起。

是恥辱也是契機，創立拍賣會提升定位

　　多年來，我和幾個國際上數一數二的拍賣會固定合作，參與拍賣和徵件有如家常便飯。大約六年前，其中一個拍賣會的徵件專家再次來到台灣向我徵件，他們看上一個 3 克拉，價值四千萬元的粉鑽。而當時因為距離拍賣會正式開始還有三個月，於是一如往常地，雙方先簽約，而為了供貨給對方，直到拍賣會正式開始前，這顆粉鑽我都不能賣。

　　只是萬萬沒想到，三個月後，當我把這顆粉鑽送交拍賣會主辦方，對方竟然毀約了。

珍藏逸品拍賣會精彩拍品，吸引國內外珠寶收藏家同場尋寶競標。

「李總，這次我們沒辦法拍這顆粉鑽。」

「這顆鑽石要重新鑲過，不好意思。」

我當時心想，寶石是對方瞧過的，合約也是雙方親筆簽下的，為了一紙合約，價值四千萬的鑽石我慎重地保留了三個月，但最後對方卻翻臉無情，直接打回票，告訴我：「這寶石要重新鑲過」，難道這張合約只有我自己必須遵守？

事後，我心裡愈想愈嚥不下這口氣，拍賣公司這樣對待我，某種程度上就是認定我自營珠寶買賣，需要大型的拍賣公司做平台，才能更順利地接觸到買家，把寶石賣掉。換言之，他們覺得我得仰賴拍賣公司才能生存。

冷靜後我反覆思索，自己既然能為國際級的拍賣公司供貨十年以上，手邊還有自創的珠寶品牌，難道就無法自己做拍賣？

「一定要為自己爭口氣！」這是我當時心中非常清楚、堅定的意念，如果不為自己爭這口氣，未來這樣的「不平等合約」只怕不會少。

而在我下定決心要做，也說服團隊一起努力之後，很多同業在訝異之餘，更是非常不看好我，對於我創立的拍賣會，質疑聲四起……。

「蘇富比和佳士得都不在台灣做拍賣了，李承倫能嗎？」

這樣的耳語此起彼落，我聽了之後也只能莞爾一笑，毫不放在心上。畢竟這些耳語並非毫無道理，蘇富比和佳士得多半只在幾個國際大城市辦拍賣會，比如香港、紐約、倫敦和日內瓦等地，台灣在他們眼中只是一個小市場，根本不足以支撐起整個拍賣會，能夠辦個預展就不錯了。

事在人為，小市場也能創造大機會

當然，台灣市場的確很小，但我始終相信「事在人為」，只要你真的很想完成某件事，那你一定就能創造出機會。2011年，我終於成功創辦了「珍藏逸品」拍賣會，第一次的拍賣結果真的很可怕，成交金額奇低無比，不過幾百萬新台幣，果真就像同業所預期。可是，我並未讓自己停留在這種挫敗裡太久。

至今，每年會有超過十個國家的藏家不遠千里，到我們的拍賣會上尋寶競標；拍賣會上的拍品則來自超過二十個國家的藏家，包括中國人、印度人、歐洲人、美國人等，每一次拍賣會甚至都有三百到四百人觀摩的規模。有一回，我們成功拍出了169.8克拉的「全球最大無油哥倫比亞祖母綠」，拍賣成數也到了八成完售，甚至還登上了國外媒體的版面。

我用成績來證明自己不只是空想而已，也用成績來宣示「我的人脈存摺、專業學識不比國際拍賣公司差」。過去這幾年，我花了更多時間網羅全球最好、最稀有的寶石，並與收藏家保持良好關係，手機裡有來自全球數百個投資客及收藏家的最新消息，例如有人想試手氣、有人想了解、有人過世了、生意倒閉了、第二代不想接手了，家族缺錢了……，諸如此類等等，如此一來，只要當他們想要或需要賣出手上的寶貝時，我便能第一時間掌握最新消息，取得先機。畢竟決定拍賣會成功與

否的關鍵不是價位或地理位置的遠近，只要東西夠好、夠稀有，客人自然會出現。

商場上有句名言「不要為了喝一杯牛奶，而養一頭牛。」單就某方面來說，這個道理自是對的，只是這個道理並不適合我。

若只為了喝一杯牛奶而要忍氣吞聲，被大公司欺負，這種「養分」我可吸收不了，畢竟養一頭牛，初期可能很累，挫折連連，但是只要將牛養大了，我就不需再受氣，還能大幅提升自己的格局，所以為什麼不這麼做呢？

世上有很多種生存的姿態，別人如何我不曉得，我只知道，我想要抬頭挺胸地活著！

珍藏逸品珠寶拍賣會

珍藏逸品珠寶拍賣會是每年春、秋二季，在台灣舉行的國際性拍賣活動，吸引超過十個國家的收藏家不遠千里，到場尋寶競標；珍藏逸品拍賣會的拍品來自超過二十個國家的收藏家，曾拍出了169.8克拉的「全球最大天然無浸油祖母綠」，引起國際各大新聞媒體報導，揭開了珍藏逸品國際拍賣地位的序幕。

天然無浸油祖母綠，169.8克拉。

珠寶達人

李承倫「女人要有錢」全台最大珠寶拍賣會 珍藏秋拍必看拍品搶先看！：http://www.youtube.com/watch?v=tf65Z3ciXxs

29

以「執著」為師，
走一條與眾不同的創業路

很多父母生怕孩子任性，所以只讓他做感興趣的事，但我向來就怕孩子不知道自己喜歡什麼，因為我自己就是一個偏執狂。

一個鄉下小孩愛上在河邊撿石頭的快樂，這就是我一生事業的起點，這份愛很單純，卻也經過千錘百鍊，讓我明白了人生的一個真理：世上不存在風險小而具有光明前景的行業，是因為你愛了，克服種種風險，方才讓這個行業有了光明前景。

「Richard，你這麼懂寶石，應該很有家底吧，這是父母親從小栽培的嗎？」

「李總，寶石這行蠻好賺的齁，要不然你怎麼那麼執著？」

每當聽到新認識的朋友這麼說，我心裡都會哭笑不得。往好處想，也許我現在確實在事業上稍有一點成績了，看起來「小有成功」，所以別人才會這麼猜。然而事實上，我不僅平凡的不得了，對石頭也就是一份很單純的執著，甚至就是「會讓人覺得是傻瓜」的那種信念。

我其實來自苗栗一個傳統的軍人家庭，爸爸是退休老兵，哥哥是職業軍人，我們家沒有任何顯赫背景。我國小念頭份的鄉下學校，從小去中港溪附近撿石頭玩，從背景來看，真是毫無道理可以走上寶石這條路。

家鄉河邊經常可以撿到一些瑪瑙、水晶或化石之類的東西，但是除了我之外，似乎沒有人會把它們當成寶貝看待。對於童年時光，我記憶最深的部份就是擺在鞋櫃、衣櫃和書櫃裡的那些各式各樣的石頭，因為我總是撿不完也看不膩……。

除了石頭，我也很喜歡音樂，雖然我不是念音樂班的學生，家鄉的學校也沒有「音樂班」，但我還是很開心有樂器可以彈奏，只是人家彈鋼琴，我彈的是風琴。

而「為了買鋼琴，我必須想辦法賺錢……」如果未來想走音樂這條路，一直彈風琴是沒有用的，我很早就開始思考「如何賺到錢」，想著想著，機會就來了。

國中生開眼界，從玉市裡學會買賣看懂人性

「你這麼喜歡音樂，可是沒鋼琴練，一天到晚彈風琴，鄉下也沒有老師，以後怎麼辦？」

「帶你去見我的老師吧，看看你有沒有天份，可以念音樂班。」

親戚家的一個姊姊小碧（化名）是大學生，她看我喜歡音樂卻苦無門道，所以想帶我去見見她的老師，大學裡的音樂系教授。很幸運地，我大老遠來一趟台北有了收穫，教授覺得我有天分，雖然沒有念音樂班，但足以和音樂班的孩子競爭。教授願意降半價幫我上課，於是，我從國一開始，每個周末都搭車到台北補習，寄住在小碧姊姊家。

那時，音樂老師家就在建國玉市附近，因為前一堂課的學生是個從宜蘭來的孩子，當他因為下雨、塞車而遲到，我的上課時間就會延遲。而在等上課的二十～

三十分鐘空檔時間裡，我總會繞過去旁邊的建國玉市晃晃。

「好熱鬧！」

「好多石頭，客人也很多，原來這就是玉市！」

對一個來自鄉下的國中生來說，當時可真算是開了眼界，以前只是自己愛收集石頭，直到來玉市開葷後才知道，石頭的種類還真是五花八門，同時我也好奇「為什麼一樣的石頭，價錢卻個個不同？」

而為了解答這個疑惑，我從此便一頭栽進去石頭的世界裡了。我三不五時地會告訴音樂老師：「我今天生病，肚子痛，所以不來上課了。」但其實我是把學費拿去買石頭，等買到一定的數量後，我發現「在玉市裡擺個攤，我就可以做買賣了！」那時候，玉市裡一個攤位大概五百塊錢，我大膽地租下攤位，開始了每週六上課，週日賣石頭的日子。

賣久了，也慢慢累積出自己的心得與經驗談，我可以從事這一行這麼久，從上游到下游的事情全部瞭若指掌，自是要歸功於當時打下的基礎。不是我自誇，一個年僅十幾歲，來自鄉下的孩子能在龍蛇雜處的市集裡混，既能做成生意還可存活下來，肯定有其厲害之處。因為打從那時候起，我就開始練眼力，學著分辨真假，辨識誰是好人，誰又是生意人。

不放棄音樂，赴美深造開啟創業緣

升上高中後，我的生意愈做愈順手，爸爸知情後，非常反對我去擺攤子，他認為「既然想學音樂就要好好學，為何還要花時間去擺攤子賣石頭？」但是在當時，石頭已不只是我的興趣，還能為我賺到錢，如果沒有錢買樂器，學音樂等於白搭，所以我總是與大

人僵持不下。

幸好，我課業表現不差，父親也拿我沒轍。直到高中畢業前，我已為自己買下一把大提琴，準備考大學。現在想起來都覺得當時未免膽子大了些，別人考大學多是按部就班地準備，一路念音樂班，然後考前加強練術科；而我則是用

幼時全家福照

一整年的時間瘋狂且密集地學，拉琴拉到手指頭都磨破了，而原本不抱希望的考試，沒想到最後竟然還是讓我如願考上大學音樂系，而且還是保送入學呢！

上大學後，玉市裡的東西和客層已經無法滿足我，所以我乾脆自己開公司。家人當然還是反對，他們覺得我「為何不好好學音樂，日後就當個音樂老師就好了」，但我依舊不聽勸，直到最後，他們發現我根本勸不動，索性就放棄不管了。

我當時便知道自己的志向是寶石，不過我也沒放棄音樂（音樂是我的專業，寶石是我的事業）。我在學校的表現一直還不錯，畢業時還申請到亞利桑那州立大學念研究所，甚至拿到全額的獎學金。只是我選擇到亞利桑那念書，其實並不完全是為了學音樂，因為我發現亞利桑那是礦藏非常豐富的一州，「不用上課的時候，我都可以盡情地挖石頭」，這正是我心裡打的如意算盤……。

豈知去了之後，我才發現還有挖掘寶石以外的更多驚喜！

我以為亞利桑那是沙漠地形，也許不怎麼繁榮，但那裡卻有著全世界規模最大的珠寶展！每年二月在圖森市（Tucson）舉辦的美國圖森礦物展（Tucson Gem Show），這是結合了寶石、礦物和化石的一個大展，那個展覽不是在某個場館進行，而是遍佈整個城市，大約有三十幾個地方都在展覽寶石，比如各星級飯店，或是路邊搭個帳棚便可來展覽。

每年都有約莫一百五十八個國家的人來圖森參展，還有人說圖森展是全球寶石業者的麥加聖地！只要圖森展一到，整個城市就會湧入許多來自非洲、南美洲的礦主，他們雖然有錢但通常語言不通，大老遠來到異鄉作買賣也有很多瑣事要處理，我的英文沒問題，加上又會說一點西班牙文，所以就當起了這些礦主的翻譯。

除了在展場幫忙和客人溝通之外，我還幫他們租車、找飯店，沒飯店了就讓他們借住我的住所，就在這種革命情感下，我和很多礦主變成好朋友，全球各礦區的人脈就是從那個時候開始慢慢建立起來的。

而另一個更大的驚喜是，我遇到了未來的人生伴侶伍穗華小姐。

「亞利桑那有超級多的礦產，不上課的時候大家都跑去挖，一定可以找到很棒的寶石！」

「真的嗎？哇，我都不知道……」

我念音樂，她念多媒體，我們在新生會談上見面。還記得當我興奮地和其它人聊起亞利桑那州有很多礦藏值得去尋寶時，大家多半反應冷淡，只有純真的她聽得雙眼發亮。事後，我邀請她一起去挖石頭，她也真的來了。

就這樣，我們走在一起。畢業後我們便結婚了，人家的蜜月旅行是愜意地遊山玩水或是一擲千金地入住豪華大飯店，但我們則是開著一台破舊的老爺車，從亞利桑那一路往北開到蒙大拿，沿途挖石頭、買石頭。

在科羅拉多州，我們看到了一整片山牆上都是恐龍骨頭的化石，在這個非常震撼又充滿歷史感的景色下，我們湊巧聊到返鄉創業的事，於是順理成章的，我們便將日後自創的品牌命名為「侏羅紀寶石」，因為，大部分的寶石都是來自侏羅紀時期這個地層下，只是從未被提起。

破產後重生，披荊斬棘走出自己的寶石路

1999 年回到台灣，一開始，我們只做原礦進口生意，我甚至還在高中音樂班兼

差教大提琴。但是因應台灣珠寶產業生態的劇烈變化，一路上，我們做了非常多的嘗試、拓展，當然也遭遇了很多挫敗。

印象最深刻的打擊是 2001 年的納莉風災。

「完了，寶石都沒了。」

「連大提琴都泡在水裡⋯⋯」

我們一開始的零售店面是位於松江路上的大都會商場，因為面積小，生意又不錯，有些客人經常得坐在門外的休息區等，老婆偶爾還會開玩笑地說：「老公，你生意好到像醫生開診所幫病人看病一樣，客人還得排隊等叫號。」

當時哪裡知道，一場颱風所帶來的水災，就毀了我們一整年的好光景，我們的資金幾乎都押在貨上，而這些貨又多半隨著大水漂走了⋯⋯。

我們破產了。

那是我們人生中非常低潮的一個時期，甚至有一度連房子都沒得住，幸好當時我在音樂教室兼差，情非得已下，拜託音樂老師讓我們夫妻倆暫住在音樂教室裡。

我從來不是一個容易妥協的人。風雨過後，我思考自己最愛的是什麼？並做了

很大的決定，毅然地放棄教職，決心全力衝刺珠寶事業。我們租了八德路的店面，租約到期了再換到東區的店面；從那時起直到現在，歷經十七年的時光，我們夫妻倆從未懈怠過。只是這十七年來，我們的生意都是這麼風調雨順嗎？怎麼可能，挑戰依然很多，我發現太多客人有錯誤的珠寶觀念，於是我們耐心地教，用紮實的珠寶知識來和客人交流，即使客人一時不領情不想買也沒關係，時間久了，客人反而很欣賞我們的堅持，自此交流不斷。此外，培養員工的專業是吃力的任務，訓練不來還在其次，偶爾遭到員工背叛，我們也只能保持風度，雙方好聚好散，人性向來比金錢更考驗我們做事的初衷。

這幾年，纏綿病榻的父親依舊不看好我的珠寶事業，別人羨慕「侏羅紀寶石」的成績和名氣，但父親知道我其實做得很辛苦，過程中絕對沒有僥倖，這門生意從來無法安逸。

上個月，父親走了，我一直來不及告訴他，小時候，我背著父母，將學鋼琴的學費拿去買寶石的事，我一直想讓父親知道，無論如何我都不會放棄，也希望未來，在天國的爸爸可以看到我將「侏羅紀寶石」成功打造成世界品牌的一天。

從遭遇風災，店面淹水破產的那年開始，我就已經確定「音樂是我的專業，寶石才是我的事業」，歷經百般挫折而能不言悔，那就不是一種苦；對我來說，那叫作真愛，而寶石，就是我一生的真愛。

打造台灣百年珠寶品牌

Jurassic Color Diamond 侏羅紀彩色鑽石自 1999 年創立以來，從礦區採購原礦、工廠切割裸石、到設計鑲工，整合上下游的一條龍的作業，在台灣設有切割廠、鑲工廠、設計中心及七百坪寶石博物館，更投入人力開發最先進的鈦合金材質，領先業界。

30

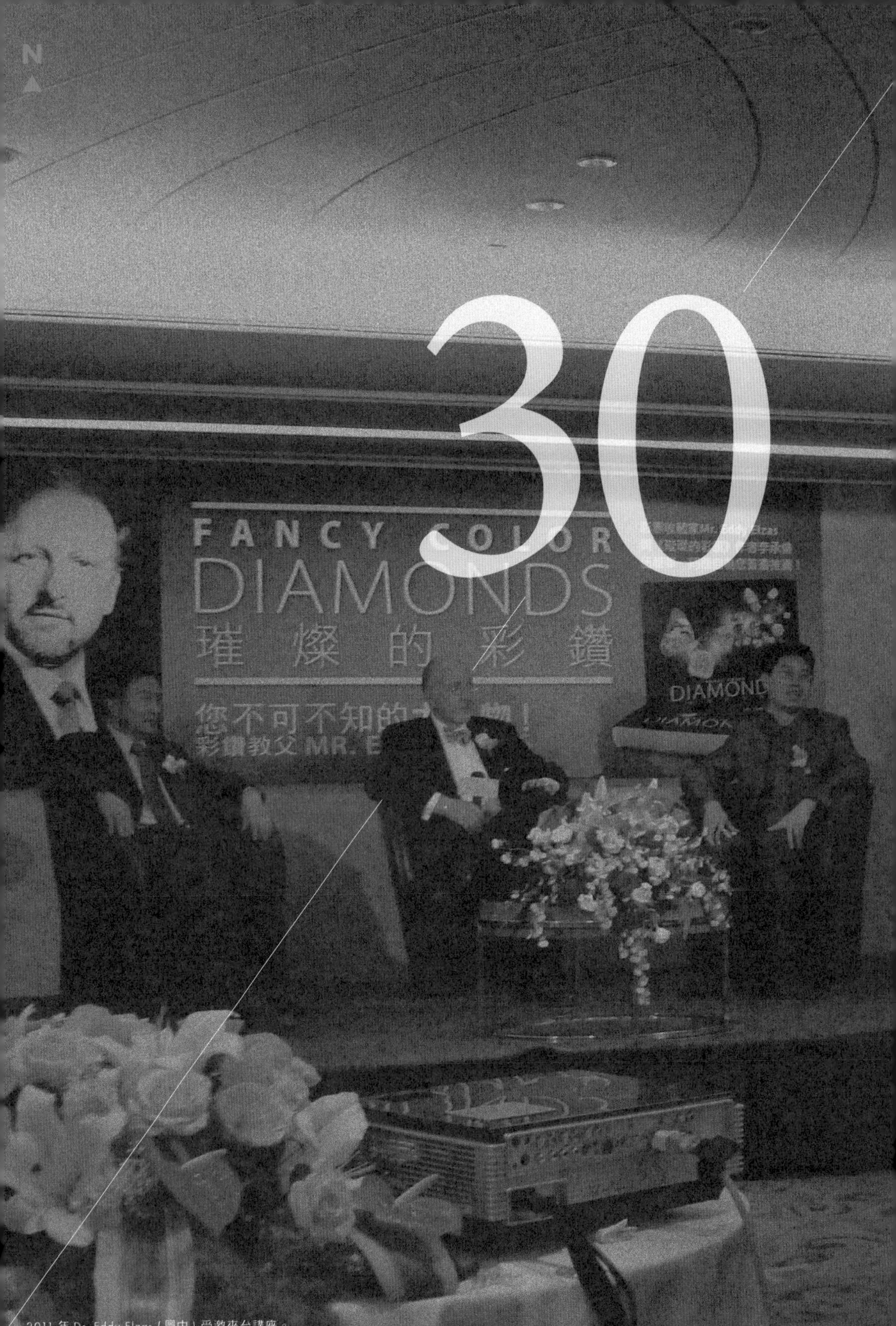
DIAMONDS
璀燦的彩鑽

2011 年 Dr. Eddy Elzas（圖中）受邀來台講座。

LUCK FAVORS THE WELL-PREPARED

被譏笑的勇氣～我的摯友
彩鑽教父 Dr. Eddy Elzas.

「哥倫布立蛋」的故事源遠流長，但至今每個產業中，哥倫布等級的人物依然稀有，「不與時人彈同調」卻能開創一個屬於自己的時代，這不只需要洞見、堅持，還要有說服他人的智慧、魅力。

很幸運地，我正好認識一位這樣的開創者，珠寶界無人不曉的彩鑽教父 Dr. Elzas。我們萍水相逢卻一見如故，深深欣賞彼此的瘋狂和執著。

電影「一代宗師」裡有句經典台詞：「人生所有的相遇，都是久別重逢。」唯有在社會上有過一些歷練的人，才能真正體會這句話的美感，我有幸也擁有這樣一位一見如故的摯友，他是 Dr. Eddy Elzas。

不打不相識，當 crazy Eddy 遇到 crazy Richard

大約六、七年前，我在一個比利時的私人拍賣會看上了一顆紅色鑽石，當時現場有另一位看起來相當體面的前輩也和我一樣很想得到它，於是，我們展開了瘋狂的競標，全場只有我們兩人不斷加碼，而大家就像在看好戲一樣盯著我們兩人的競賽。

後來，那顆鑽石讓我標走了，競標結束後，我們不約而同地走向對方。

「你好，我是來自台灣的 Richard Li.」

「你好，我是來自比利時的 Eddy Elzas.」

「Eddy Elzas ！」這如雷貫耳的名字讓我大吃一驚，剛剛和我一起競

Rainbow Collection

標同一顆鑽石的人竟是大名鼎鼎的「彩鑽教父」Dr. Elzas。互道姓名後，他好奇地問我：「為何非要那顆鑽石不可？」這問題很有意思，那是一個只有 50 幾分的紅色鑽石，大部分拍賣會裡的人會覺得「要買就買 1 克拉以上」，但我其實不這麼想。

「不知道，可能因為它太美了，我一眼就愛上！」彩鑽是看顏色的，至於淨度和尺寸，對我來說並非選擇的首要條件。

「GIA 對紅鑽的顏色標準只有一個 Fancy red，因為紅鑽太稀有，不像粉紅鑽或黃鑽可以較細膩的顏色級別，可是 Fancy red 遠不足以形容這顆紅鑽的紅，如果顏色的色度分為 1 ～ 10，它就是 10，百分之百的紅，太特別了。」

Eddy 聽我滔滔不絕地說著，立刻笑著稱讚：「你是個行家」、「你有自己的判斷，不受別人左右。」在市場上，Eddy 是個眼光不拘於市場趨勢，行事異於同業的人，也被認為是某種程度的「瘋子」。

Eddy 究竟有多瘋狂？

要知道，他很可能是人類歷史中，第一個不僅懂得欣賞彩鑽之美，也成功創造出彩鑽市場行情的人。

Eddy 原本是學機械出身，畢業後前往南非幫鑽石礦區的礦主維修機器。一段時間後，他覺得一輩子作這件事沒什麼意思，於是告訴礦主他要回到比利時了，「我想做別的行業，老闆願意資助我一點什麼嗎？」

那位礦主想了想，隨手找出一大盒的彩鑽原礦說：「這讓你拿去吧，賣掉了想分紅，再來連絡我；賣不掉，就當我送你的禮物。」

看到這裡，大家一定覺得，這老闆大方得誇張，現在彩鑽隨便一小顆都可能是上千萬的身價，怎麼可能給一個離職員工「一盒」彩鑽？

把「廢料」當機會，忍著譏笑四處收集彩鑽

因為彩鑽的上千萬身價，是最近三十到四十年的行情，而在遙遠的 1960 年代，珠寶市場追逐的鑽石只有白鑽，在礦區如果挖到彩色鑽石，工人們往往是隨手扔進廢料盒裡，就像喝完的飲料罐會被扔進垃圾桶一樣。換言之，這位礦主等於是送給 Eddy 一盒「廢料」。

回到比利時之後，Eddy 把那盒「廢料」拿去切磨，被切磨廠裡的人都笑他：「磨這個幹嘛？」

「什麼紅色的、黃色、藍色的都一樣啦，那些都含有雜質，都沒有人要，鑽石就要是白色的。」

Eddy 沒把這些話放在心上，照樣付錢請師父切磨好，當初這些師傅一定萬萬沒想到，這一大批被他們譏笑的彩鑽，就是後來讓 Eddy 名震全球珠寶市場至今的「Rainbow Collection」。（其中一套還被英國皇室收集，價值高達一億英磅）

磨完這批彩鑽之後，Eddy 仍想繼續收集彩鑽，他來到聚集著許多鑽石業者和收藏家的咖啡廳裡找機會。當時在比利時的安特衛普，上午是切磨師傅們的工作時間；到了下午，師傅們就會到咖啡廳（bourse）休息，很多業者和收藏家也會在咖啡廳裡聊天，或者秀出自家鑽石來談生意。

在這種場合，大家拿出來的都是白鑽，只有 Eddy 拿出彩鑽，自然又是被眾人取笑個不停。某次他在咖啡桌上秀出一顆粉紅鑽，當對方笑他：「粉紅色的鑽石沒有用啦」，Eddy 竟隨口說了一句後來流傳在珠寶市場的名言：「Who says diamonds should be white ？」（誰說鑽石一定要是白色？）

　　對方知道他喜歡粉紅鑽，便很大方地告訴他，自己有一顆粉紅鑽，可以直接送他，Eddy 聽了很高興，打算購買。

　　「我都說不用給錢了，就當送你吧！」

　　「不行，我堅持要付錢。」

　　「那這樣吧，你請我喝杯咖啡。」

　　於是，Eddy 用一杯咖啡換到了一顆粉紅鑽，接著，他又在另一個人身上，以一盒香菸換到了一顆藍鑽，情節幾乎如出一轍：對方根本懶得拿錢，最後「勉強」讓 Eddy 用香菸請客了事。

　　就這樣，他用各種難以想像的「代價」陸續換得質量驚人的彩鑽……。

發掘被低估的價值，跳脫業界才能超越業界

　　Eddy 的瘋狂之名就從這些事蹟而來，我們現在很難想像這種情境，在當時，「堅持付錢買彩鑽」被視為是瘋狂的，就像是付錢買垃圾一樣匪夷所思。

　　直到後來，所有人這才都明白，彩鑽遠比白鑽更加稀有難得，白鑽有 500 克拉、400 克拉，宛如雞蛋大小的物件；而彩鑽至多 10 克拉或 20 克拉，一小顆彩鑽的價格可能比一整盒白鑽還高。當彩鑽市場真正起漲，曾經忍著被眾人譏笑，四處蒐羅各式彩鑽的 Eddy 頓時成為「教父級」的人物，沒有任何一個大集團、公司或收藏家能比他擁有更多、更優質的彩鑽。

　　時至今日，現在的他只需隨手拿出一顆彩鑽，通常就是令市場咋舌的珍稀物件都足以令大家驚嘆「礦脈所剩無幾，怎麼還拿得出這麼美的彩鑽」？！

　　Eddy 的「瘋狂」其實充滿了啟發性，業內人士的「專業眼光」經常也是侷限之所在，比如送一盒彩鑽給 Eddy 的那位礦主，挖了一輩子鑽石，難道比 Eddy 更不懂得欣賞彩鑽之美？但是因為長期以來，客人都只買白色鑽石，礦主自然會認為「彩

色鑽石只能當廢料，沒有用⋯⋯.」但 Eddy 是學機械的人，他覺得彩色鑽石「明明很美又稀有，為何鑽石一定要是白色的才有價值？」

他不僅跳脫了業界的思考，並且懂得珍惜手上僅有的資源，既然手上有一盒彩鑽，那就試試看，不跟其他人一樣地瞧不起彩鑽，而是持續收集，也以到處收集來為自己並為彩鑽增添名氣，以此引起別人好奇，進而願意正視這被市場嚴重低估的彩鑽。

很多人羨慕 Eddy 的好運氣，認為他是等到了一個黃金時代，所以才能一夕之間功成名就，但在我看來，這種羨慕其實是把 Eddy 的成功看得太簡單了。

當業界所有人都說你錯，譏笑你是大笨蛋時，你是否能夠堅持住自己的洞見，耐得住性子，放得下身段，把別人眼中的「錯誤」經營成「正確」？我認為這才是大家應該思考的事情。

就像國內的教育，素以教授思考、背誦學習為主，聽起來固然沒有錯，但卻缺少讓孩子 Thinking outside the box。反觀國外，老師們會告訴孩子創造是最重要的，要做個市場帶動者、領導者而非追隨者，也難怪，蘋果創辦人賈伯斯方才能夠千古留名。

價值連城，
Color Diamonds 彩色鑽石

曾經被認為一文不值的彩色鑽石，在彩鑽教父 Dr.Eddy Elzas 的慧眼獨具及推廣下，價值水漲船高，各色彩鑽在國際珠寶拍賣會上倍受矚目，與昔日景況相比，令人大感不可思議！

彩色鑽石套鍊（18 KARAT TRICOLOUR GOLD,IMPRESSIVE MULTI-COLOURED DIAMONDAND DIAMOND NECKLACE）

珠寶
達人

李承倫「彩鑽教父 Eddy Elzas 訪台記者會聽眾提問」了解更多，影音連接請上：http://www.youtube.com/watch?v=RyQEoy4DiCE

31

以色列 EGL Platinum 總裁 Menahem Sevdermish。

THE FINAL CHAPTER

最終篇～我的寶石大夢

從小時候單純地喜歡收集石頭，到如今創業超過十六個年頭，很多人覺得我已算圓夢了，對於「一個夢想」來說，最極致的終點不就是「創業成功」，例如建立起自己的品牌，讓品牌有國際能見度等等。

坦白說，如今我的珠寶品牌確實擁有了這樣的成績，但是，我的夢想還沒有到達終點。這條路繼續走下去，如果只是不斷收藏和買賣寶石，我的確可以過著安穩的日子，卻無法留下真正有價值的東西給後來的人。

我累積了那麼多經驗、資源，應該要做一件更大的事情，為寶石愛好者留下真正的寶藏，關於教育、學術和觀光的寶藏！

　　台灣人夠富裕，買車買錶買包，都捨得花錢，也懂得鑽研知識，唯獨寶石這一塊，坊間少有公開而專業的知識交流，網路上的文章似是而非；藏家想買珠寶通常找精品品牌，買了也不懂得背後的價值意涵，就算是只為了投資而買，也經常買在最高點，看不懂未來性。

　　基於小時候我想找中文世界專業的寶石書而不可得的心情，以及創業後消費者告訴我：「寶石送國外鑑定，各家看法不一，而且沒有討論空間。」

　　「市面上教大家辨別寶石真偽的資料很多，但看了這麼多似是而非的言論和方法，卻沒有一套完整而專業的說法。」

因此我一直想要建構一個專業公開且兼具趣味和學術意義的寶石知識中心。

而一切，就從設立鑑定所開始……。

拿下國際四大寶石鑑定所之一：EGL 台灣代理權

2010 年，我成立鑑定所，為了讓鑑定所具有國際性的公信力和專業水準，我決心要拿到國際級寶石鑑定所的代理，而在經過漫長的努力後，我終於拿到 EGL（European Gemological Laboratory 歐洲寶石鑑定所）的台灣代理權，現在回過頭來看，那還真是一段不簡單的日子。

EGL 是國際上的四大寶石鑑定所之一，1974 年成立於比利時的安特衛普，在四大寶石鑑定所之中，目前規模最大的是 GIA，第二名就是 EGL。我們要拿到 EGL 的代理，成為一個國際級的珠寶鑑定所，必須具備一定的條件，而光是籌備期就超過五年。

何以需要這麼久的時間準備？主要因為是寶石樣本、機器和專業研究員三大條件都必須到位才行。

這是一個漫長的「修行階段」。

首先得收集寶石樣本，就像研究植物一樣，研究機構沒有樣品就無法做研究，我們當然也是，我在全世界的礦區收集各種寶石樣本，寫了這本書我才驚覺，原來過去十餘年，我已經去了超過五十個國家。

一般人都以為成立鑑定所最大的成本是昂貴的機器，這話其實並不完全正確，因為檢測機器固然昂貴，但寶石樣品同樣也不便宜！單是鑽石一項，就要買齊紅鑽、藍鑽、綠鑽、粉紅鑽等所有鑽石種類，每個種類還要買齊不同產地的品項，其他寶石如祖母綠、藍

寶石和紅寶石等亦然，都要買齊來自不同產地的所有種類寶石，這不只需要很可觀的金額，很多寶石也不是有錢就能買到。有時候即便買到了，你還得花更大的功夫確認來源。畢竟有人賣我東西，隨口說那是來自緬甸的寶石，但他說是，那就一定是嗎？若不確定，那怎麼辦？便只好買機票搭飛機，自己殺到緬甸那個荒涼的礦區去看看當地工人挖出來的寶石是不是真有那回事。

單是確認一個寶石來源，還沒開始做實驗，就可能要花這種功夫，十餘年內我們一共累積了數千種寶石樣品，試想，這會是怎樣的一段日子啊，大概只能用「曠日費時」能形容了。然而收集到寶石，為了建構完整的數據資料，我們又花了非常多的時間、成本在相當細膩的寶石研究上。一間鑑定所的數據資料如果不夠全面、深入；研究如果沒有到達國際級的標準，那就無法收人家的件。必須要能對於每個寶石品種的研究、每種寶石的處理方式、每種寶石內含物展現的產地、特徵都能全盤掌握才行。

此外，除了樣本，籌備鑑定所還必須購買機器。

各種寶石的加工處理方式日新月異，要能夠檢驗出來寶石的真偽，測出內含物，那麼你必須買齊所有的檢測機器，寶石的光學現象、物理現象、化學現象等都必須一一核對，而購置機器的成本往往便高達數千萬元以上。再者，更重要的是，遍布全球如日本、以色列、比利時等各地鑑定所使用的機器也並不完全相同，就算

EGL 實驗室鑑定設備 _Raman

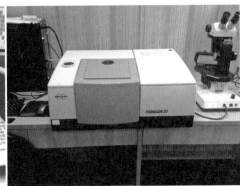

FTIR 光譜儀

已經買下機器，我們還是得經常性地考察、觀摩別人使用了哪些機器，甚至還得遠從英國、義大利、芬蘭、美國邀請專人前來組裝機器。

再說到，機器買了還要學著使用，無論是前面提到的樣本檢測、分析還是操作，每一樣都需要仰賴一群夠專業的研究團隊。畢竟研究寶石不只是懂寶石學就夠了，研究員必須具備的專業素養通常超乎大家想像，他們必須懂土壤學、岩石學、地質學等關於「寶石生成的環境與因素」的學問，每一種寶石都有來自產地土壤和岩石的相關聯性，而研究工作的重點就是分析出這些關聯性，以及導致寶石生成的岩石變質作用，並在分析後建立出屬於我們鑑定所的數據資料。

做好研究，寶石之路上永不言退

目前，鑑定所由五位專業的研究員組成，他們並不是追求到一個目標就可以停下腳步，每種研究主題總是日新月異地在變化，我得經常帶著研究員出國去收集資料、聽研討會或發表論文，待綜合國際上的各項研究結果後再來比對數據，確認這個結果和我們研究的結論是否一致。

在如此漫長的籌備期間裡，檢驗所當然不會有收入，但是照樣要養人才、買樣品和器材，而打從一開始我就知道成立檢驗所一定賠錢，這不可能是營利機構，幸好研究團隊也明白，他們的職責就是做好科學研究，所以大家依舊在這條辛苦的研究路上努力不懈。

在出版《珠寶傳奇》這本書之後，我們緊接著也將出版另一本書，內容是關於全球寶石內含物與產區關聯性的研究，這是鑑定所的研究成果，也是一本具有相當參考價值的寶石研究工具書。國外的鑑定所多半是不會公開任何研究數據的，檢驗出來是什麼就是什麼，沒有任何討論空間，但我們反其道而行，願意公開這些數據，當任何人對我們的鑑定有疑問時，都可以參考這本書來找尋答案，依照我們所顯示的數據去測試。

公開寶石數據資料的創舉，也顯示出我們對自己的鑑定實力有相當程度的自信。從 2015 年起，我們的鑑定所開始收件檢測，幾年來陸續收到許多來自國外的送件，這個結果正好表示了我們已經建立起一定的公信力。EGL 的總裁告訴我：「和美國 EGL、加拿大 EGL 相比，台灣是目前最活躍的 EGL 鑑定所之一，你們不斷發表多篇學術論文，成果足以讓全球學者刮目相看。」

為台灣建構專業、公開的寶石博物館

在鑑定所有了初步成果後，我更大的挑戰是合併原本的寶石館和鑑定所，蓋一間私人寶石博物館。

幾年前我成立了「寶石館」，用來展示我所收藏，來自全世界的寶石、礦物和化石，也經常舉辦不同主題的展覽。另外，寶石館還設有鑑定的機器例如磨石機，讓大家可以免費體驗磨寶石的感覺，大家甚至還可以拿原礦過來，我們免費教大家切、磨和拋光寶石。

當初成立這間寶石館，無非就是希望台灣也可以有座館藏豐富，具有教育意義的寶石館。在順利得到 EGL 代理權後，距離我夢想中的寶石知識中心還有一步，就是將檢驗所和寶石館合併。

EGL 鑽石鑑定師養成課程，培育國內珠寶專業人才。

2016 年，我相中了一處佔地七百多坪的空間，非常適合用來規劃成大型的珠寶 ・ 藝術 ・ 人文空間，裡面除了展示我至今的收藏品，也可以把鑑定所搬進來，傳遞正確的珠寶知識、美感體驗並具學術價值，既能展示也具備研究用途。

　　台灣雖非知名的礦藏大國，但由於過去二十年台灣錢淹腳目，台灣人非常有品味，擁有最豐富全面的寶石藏品，衷心希望有一天，我們可以像 Idar Oberstein 的德國的寶石博物館一樣，讓全世界的遊客們不遠千里地前來參觀，讓台灣也能在國際寶石界上佔有一席之地。

　　目前這座「侏羅紀珠寶 ・ 藝術 ・ 人文空間」尚在裝潢階段，但不久的將來就能真正問世，我為此感到相當興奮！疲累當然有，身邊也總是圍繞著反對的聲音，家人朋友們總覺得我真是一個瘋狂得相當徹底的工作狂。但是，寶石早已不只是我的工作和事業了，它於我而言是志業，是「沒有任何理由，就是必須得做」的事情。

不用出國，即可擁國際寶石證書

從 1974 年 成 立 至 今 的 EGL（European Gemological Laboratory）寶石鑑定所，於以色列、美國、比利時、南非、法國、英國、韓國、印度、台灣均設有辦事處，是全球第二大寶石服務供應商，就連拍賣龍頭蘇富比也採用其證書。
EGL 歐洲寶石鑑定所台灣實驗室，讓國人不用出國，便可透過最先進的高階儀器，取得國際通行的珠寶鑑定書，所有鑑定結果皆真實完整紀錄，鑑定項目包含鑽石、翡翠、紅藍寶石及其他有色寶石與有機寶石，能為所有珠寶愛好者提供一個全面相的國際鑑定服務。

歐洲寶石鑑定所在台灣提供了最專業的鑑定機制

珠寶
達人
李承倫「Gem Hunter_ 李承倫寶石教室頻道」了解更多，
影音連接請上：http://www.youtube.com/channel/UCZCK3H8I42hn_iCMM7sOTFg

寶石，自己會找主人

「寶石，歷經數億至數百億年才生成，而後遠離了孕育它們的父母親，遠離了故鄉，一路輾轉經過多少人之手，多少次拍賣與反覆打磨塑型與加工處理，才來到我們手上，這是多麼難得的緣份！」

看完了這本我用半旅遊、輕鬆愉快的方式著墨而成的尋寶遊歷書，相信讀者朋友們已經更深入地了解「寶石」從礦區到成為你我眼中的設計品，是一段多麼冒險犯難、驚險萬分的旅程。

一路走來，我並不覺得辛苦，因為，只要專心想著這件事情所帶來的長遠價值，眼前的辛苦與付出就不會是一種苦，反而變成一種幸福。

感謝讀者朋友們一同分享我的寶石大夢：從創業、拿到 EGL 歐洲寶石鑑定代理權，以及成立寶石博物館等等。

也感謝讀者朋友們在書中與我一起經歷，這十六年的一趟幸福孵夢之旅。

寶石獵人

李承倫

愛生活 013

珠寶傳奇 寶石獵人的 30 個冒險故事

作　　者 — 李承倫
文字整理 — 廖翊君文字團隊、賴韋廷
出版經紀 — 廖翊君
視覺設計 — 李思瑤
主　　編 — 林憶純
行銷企劃 — 許文薰

董 事 長 — 趙政岷
第五編輯
　　　　 — 梁芳春
部 總 監
出 版 者 — 時報文化出版企業股份有限公司
　　　　　108019 台北市和平西路三段 240 號 7 樓
　　　　　發行專線—（02）2306-6842
　　　　　讀者服務專線—0800-231-705、（02）2304-7103
　　　　　讀者服務傳真—（02）2304-6858
　　　　　郵撥— 19344724 時報文化出版公司
　　　　　信箱— 10899 臺北華江橋郵局第 99 信箱
時　　報
　　　　 — www.readingtimes.com.tw
悅 讀 網
電子郵箱 — history@readingtimes.com.tw
法律顧問 — 理律法律事務所　陳長文律師、李念祖律師
印　　刷 — 和楹印刷有限公司
初版一刷 — 2016 年 10 月 28 日
初版六刷 — 2023 年 3 月 28 日
定　　價 — 新台幣 380 元

（缺頁或破損的書，請寄回更換）

時報文化出版公司成立於 1975 年，並於 1999 年股票上櫃公開發行，
於 2008 年脫離中時集團非屬旺中，以「尊重智慧與創意的文化事業」為信念。

珠寶傳奇：寶石獵人的 30 個冒險故事 / 李承倫作 . --
初版 . -- 臺北市：時報文化, 2016.10
216 面；17 ╳ 23 公分
ISBN 978-957-13-6752-1(平裝)
1. 珠寶業 2. 寶石
486.8　　　　105014904